水車

千葉 幸 著

「d-book」シリーズ

http：//euclid.d-book.co.jp/

電気書院

水 車

芥 川 龍 之 介

岩 波 書 店

目　次

1　水　車
1・1　概　説 ... 1
1・2　水車の種類 ... 1

2　ペルトン水車
2・1　ペルトン水車の構造 ... 6
2・2　ペルトン水車の理論 ... 9
2・3　ランナの直径 ... 11
2・4　立軸ペルトン水車 ... 11

3　フランシス水車
3・1　フランシス水車の構造 ... 14
3・2　フランシス水車の理論 ... 20
3・3　ランナの直径 ... 21
3・4　部分負荷における効率低下 ... 22

4　プロペラ水車
4・1　プロペラ水車の構造 ... 24
4・2　プロペラ水車の理論 ... 24
4・3　プロペラ水車の直径 ... 25

5　カプラン水車
5・1　カプラン水車の構造 ... 26
5・2　カプラン水車の効率曲線 ... 28
5・3　高落差カプラン水車 ... 29

6　斜流水車　31

7　ポンプ水車　34

8　円筒形水車
8·1　水中発電所 ... 35
8·2　配　置 ... 36
8·3　水車の各形式と構造 ... 37

9　水車の損耗と振動
9·1　水車に起る故障 ... 39
9·2　キャビテーション ... 39
9·3　水質不良による損耗 ... 41
9·4　振動および騒音 ... 41

10　水車の特性
10·1　比速度 ... 43
10·2　回転数の決定法 ... 47
10·3　効　率 ... 49
10·4　無拘束速度 ... 51
10·5　落差変動に対する特性 ... 52
10·6　水車の異周波運転特性 ... 54

11　水車の選定
11·1　各水車の特長 ... 58
11·2　水車の形式 ... 60
11·3　水車台数の選定 ... 63
11·4　横軸形と立軸形 ... 63

11・5　変落差用水車の選定 63

11・6　小水力用水車の選定 64

演習問題 68

1 水 車

1・1 概説

水車(water turbine)は水のもっているエネルギーを機械的エネルギーに変換する機械で，これによって発電機を回転し，機械的エネルギーをさらに電気的エネルギーに変える．

すなわち水車は水のもつ位置水頭h，速度水頭$v^2/2g$および圧力水頭p/wの三種のエネルギーを利用して，これを機械的エネルギーに変換するものである．

水車の効率 また水車に与えられた流水のもつエネルギーをP_i，水車の軸に発生されるエネルギーをP_0とすると，**水車の効率**η_tは次式で示される．

$$\eta_t = (P_0/P_i) \times 100 \ [\%] \tag{1・1}$$

また有効落差をH[m]，流量をQ[m³/s]とすると，

$$P_i = 9.8QH \ [\text{kW}] \tag{1・2}$$

理論水力 このP_iは**理論水力**である．

1・2 水車の種類

水車を大別すると衝動水車(impulse turbine)と反動水車(reaction turbine)になる．

衝動水車 **衝動水車**は圧力水頭(pressure head)をことごとく速度水頭(velocity head)に変えた流水をランナに作用させる構造のものであって，ノズルから水を噴出させてラン

ペルトン水車 ナの周辺のバケットに作用させる構造の**ペルトン水車**(Pelton wheel)はこれに属する．

反動水車 また**反動水車**は，圧力水頭を保有する流水をランナに作用させる構造の水車で，フランシス水車(Francis turbin)や，プロペラ水車(propeller turbin)，斜流水車(diagonalflow turbin)などがこれに属する．

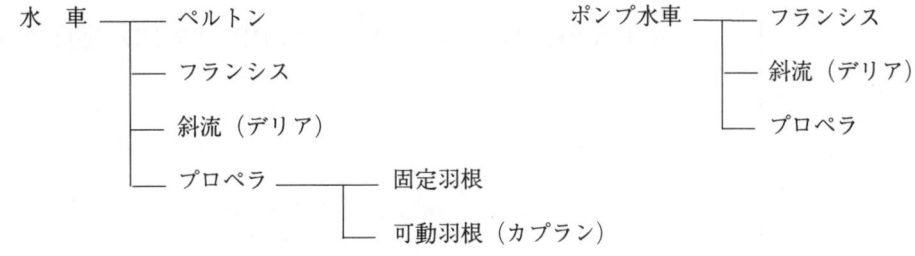

1 水車

フランシス水車はランナの羽根が縁輪によって連結された構造のものであって，流水が半径方向にランナに流入し，ランナの中で軸方向に向きを変えて流出する反動水車であるが，**プロペラ水車**はランナ羽根の外端を連結する縁輪を有しない構造のもので，流水がランナを軸方向に通過する反動水車である．また低落差に使用されるカプラン水車（Kaplan turbine）はプロペラ水車の一種である．

水車はその軸の方向により横軸形（horizontal shaft type）と立軸形（vertical shaft type）の二つに分類される．さらに一つの水車がもつランナの数によって，単輪形・二輪形（2個のランナをもつもの）・三輪形・四輪形となる．さらにペルトン水車では，ノズルの数によって単射形，二射形，三射形，四射形，六射形などになる．現今使用されている水車の種類をあげると，大略次のとおりである．

（a）衝動水車（ペルトン水車）

(1) 横軸単輪単射ペルトン水車（HP－1R1N）

(2) 横軸単輪二射ペルトン水車（HP－1R2N）（図1・1参照）

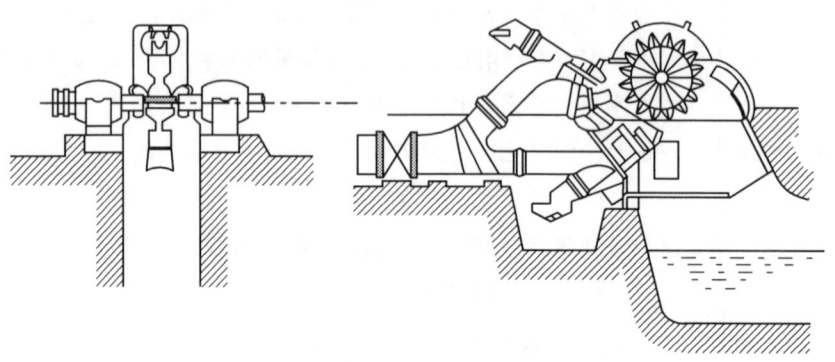

図1・1　横軸単輪二射ペルトン水車

(3) 横軸2輪四射ペルトン水車（HP－2R4NW）（図1・2参照）

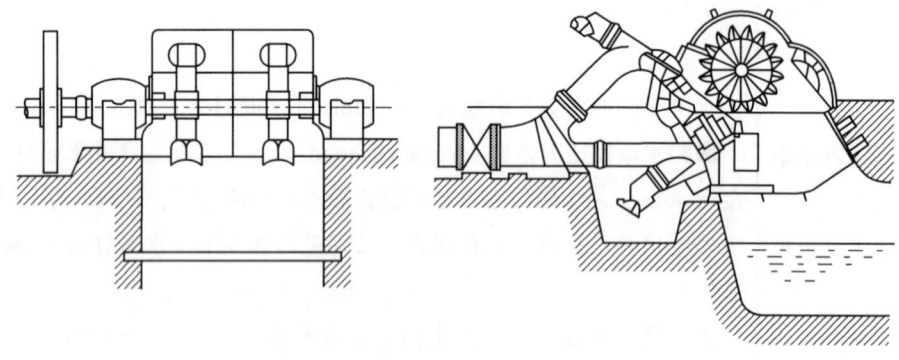

図1・2　横軸2輪四射ペルトン水車

(4) 横軸2輪四射片掛ペルトン水車（HP－2R4NT）

(5) 横軸2輪四射両掛ペルトン水車（HP－2R4ND）（図1・3参照）

マージンメモ: フランシス水車／プロペラ水車／衝動水車

1・2　水車の種類

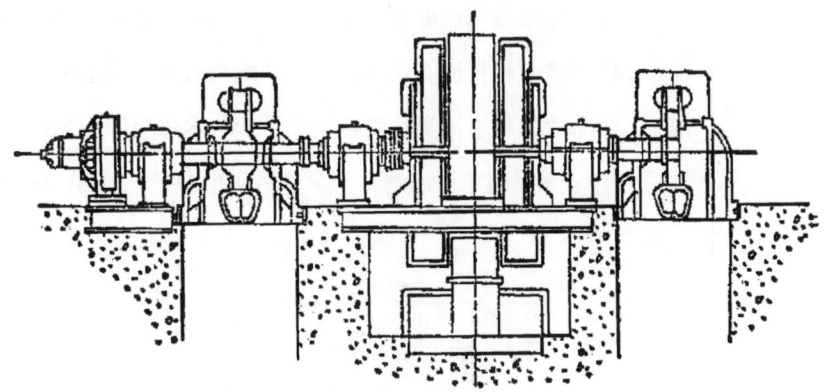

図1・3　横軸2輪四射両掛ペルトン水車

(6) 立軸単輪四射ペルトン水車（VP－1R4N）（図1・4参照）

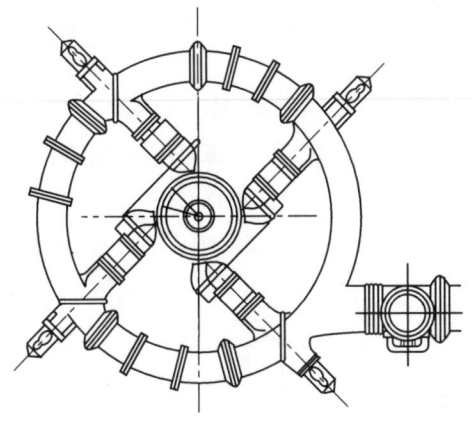

図1・4　立軸単輪四射ペルトン水車

(7) 立軸単輪六射ペルトン水車（VP－1R6N）

反動水車

(b) 反動水車

(1) フランシス水車

　(1) 横軸単輪単流渦巻フランシス水車（HF－1RS）（図1・5参照）

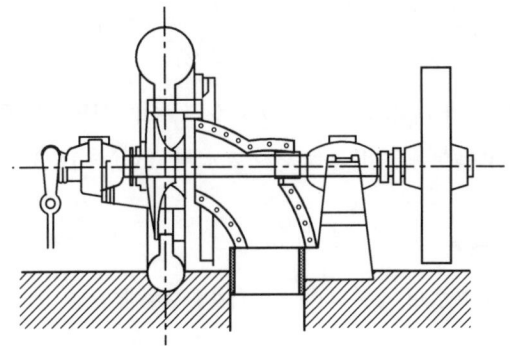

図1・5　横軸単輪単流渦巻
　　　　フランシス水車

　(2) 横軸単輪複流渦巻フランシス水流（HF－1RDS）（図1・6参照）

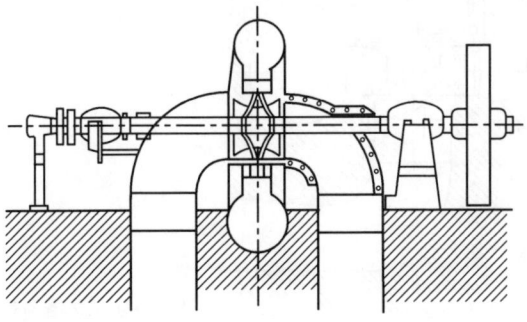

図1・6　横軸単輪複流渦巻
　　　　フランシス水車

1 水車

(3) 横軸2輪単流渦巻二連フランシス水流（HF－2RST）

(4) 横軸2輪複流渦巻フランシス水流（HF－2RDS）

(5) 横軸2輪単流渦巻両掛フランシス水車（HF－2RST）

(6) 立軸単輪単流渦巻フランシス水車（VF－1RS）（図1・7参照）

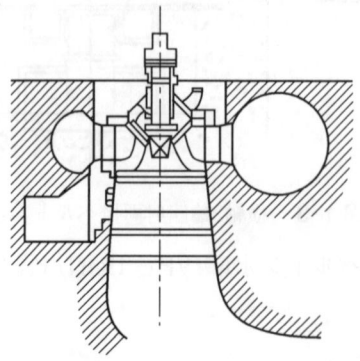

図1・7　立軸単輪単流渦巻フランシス水車

(7) 横軸単輪単流前口フランシス水車（HF－1RF）

(8) 横軸2輪単流前口二連フランシス水車（HF－2RFT）

(9) 横軸2輪単流横口二連フランシス水車（HF－2RCT）

(10) 横軸単輪単流露出フランシス水車（HF－1RO）（図1・8参照）

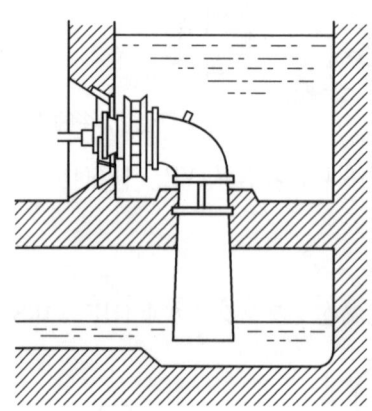

図1・8　横軸単輪単流露出フランシス水車

(11) 横軸2輪単流露出二連フランシス水車（HF－2ROT）

(12) 立軸単輪単流露出フランシス水車（VF－1RO）

(2) プロペラ水車

(13) 固定羽根水車（プロペラ）（図1・9参照）

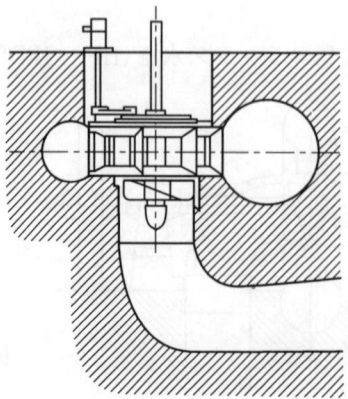

図1・9　立軸渦巻プロペラ水車

1・2 水車の種類

(14) 可動羽根水車（カプラン）（図1・10参照）

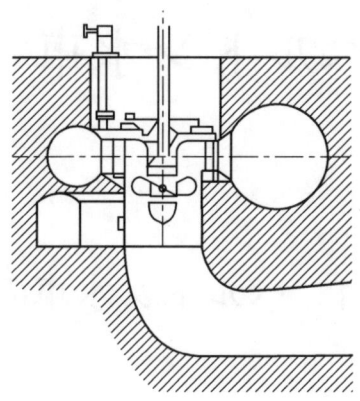

図1・10 立軸カプラン水車

(15) 円筒形水車（チューブラ）（図1・11参照）

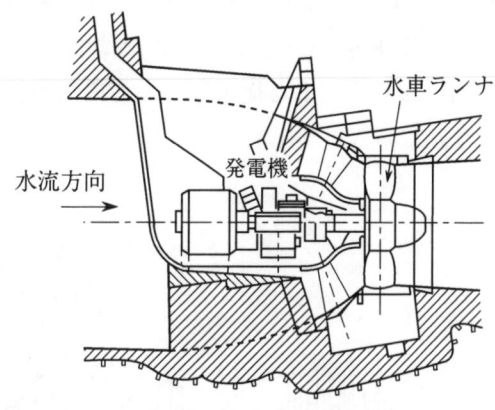

図1・11 円筒形水車（チューブラタービン）

斜流水車

(3) 斜流水車（図1・12参照）

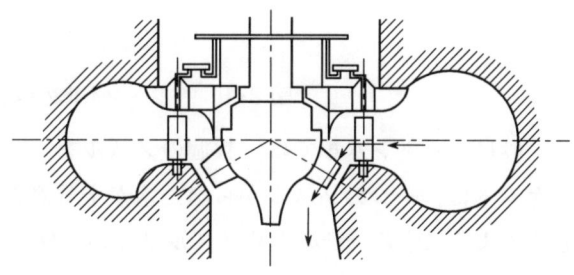

図1・12 斜流水車

(4) ポンプ水車

これについては別の"揚水発電所の設備および機器の選定"において説明する．

2 ペルトン水車

2・1 ペルトン水車の構造

ペルトン水車(Pelton wheel)は衝動水車唯一の形式で、図2・1の概念図で示すようにノズル(nozzle)から流出する噴水をランナ周辺のバケットに作用させる構造の水車で、主として高落差(200m以上)または中落差(150m程度)でも比較的流量の少ない場合に用いられる．また従来ほとんど横形が採用されていたが、最近は立形のものも採用されている．

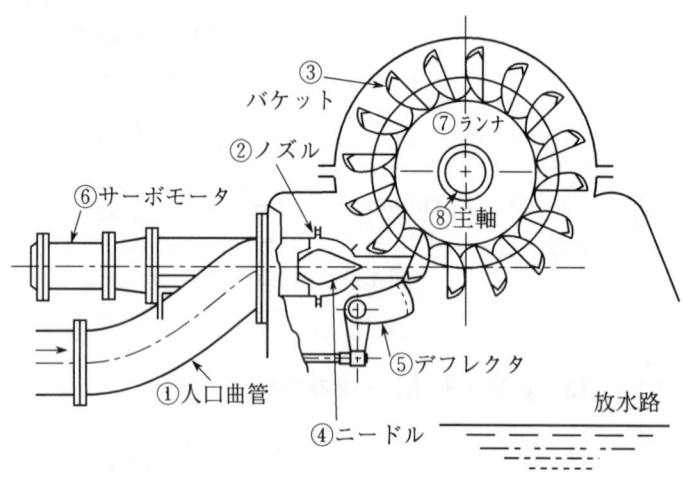

図2・1 ペルトン水車の構造概念図

一般にペルトン水車では、数個のノズルを一つのランナに働かせる場合には、各バケットは、一つのノズルから出た水が十分働き終った後に、次のノズルからの水が当るようにする．そのためノズルは互いに60度以上、できれば90度をへだててランナに作用するようにする．

現在のノズルの最高数は6個である．またペルトン水車は比較的構造が簡単で、保守も容易であるが、バケットは常に水の衝動力を受けるので、き裂を生じやすい．

図2・2は二射形ペルトン水車の構造および部品の名称を示す．

2・1 ペルトン水車の構造

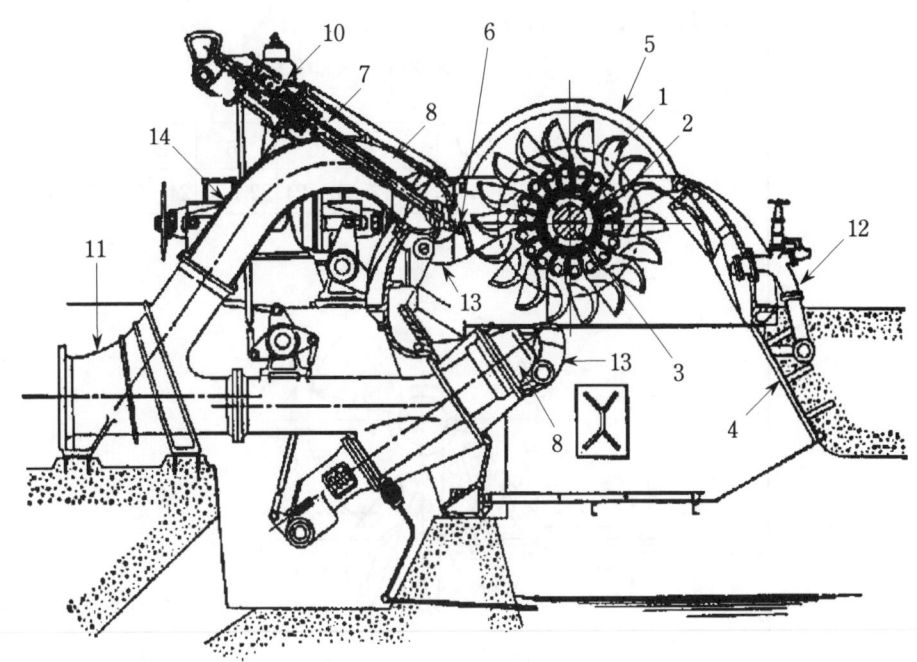

1：バケット　2：ランナディスク　3：主軸　4：ピットライナ
5：ハウジング　6：ニードルチップ　7：ニードルステム
8：ノズル　9：ノズルチップ　10：平衡ばね　11：分岐管
12：ジェットブレーキ　13：デフレクタ　14：入口曲管

図2・2　ペルトン水車の構造

ランナ　　（1）ランナ (runner)
バケット　　主軸にはめ入れしたディスク (disc) の外周にバケット (bucket) があり，バケットの中央には水切りを備え，ノズルから出る噴射水は左右に分かれてバケットに働く．図2・3 (a) は横軸形のランナを示す．

（a）横軸ペルトン水車ランナ　　　　　（b）バケット

図2・3

　普通，バケットとディスクは別々に鋳造して，バケット取付けボルトでディスクに取付けるが，ディスク，バケット一体鋳造のものもある．バケットは一般に鋳鋼で，水に砂または酸を含む場合には特殊鋼を，ディスクには鋳鋼または鋳鉄を使用する．図(b)はバケットを示す．
　バケットの数Zは，ランナの直径Dと，噴出水ジェット (jet) の直径dの比D/dによってちがい，大体表2・1のように18〜30個くらいがディスクに取付けられる．図

2.4はDとdの関係を示す．

表2・1 ペルトン水車のバケット数

D/d	8	12	16	20	24
Z	8〜12	20〜24	22〜26	24〜28	26〜30

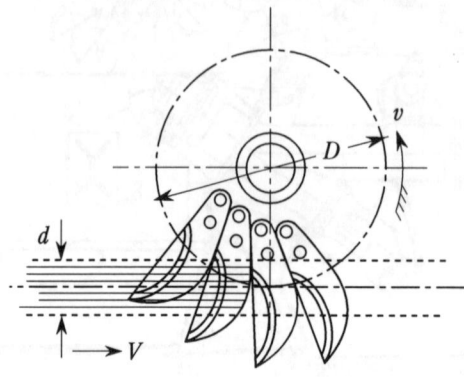

図2・4 バケットに働く噴射水

このようにランナ軸の中心を中心とし，噴出水の中心線に接する円をランナの**ピッチサークル**(pitch circle)といい，このピッチサークルの直径Dを通常ペルトン水車の直径と呼んでいる．

ピッチサークル

ノズル
(2) **ノズル**(nozzle)

断面が円形の管で，中央にニードル(needle)があり，これを前進後退することにより，バケットに噴射する水量を調節する．

ノズルチップとニードルには特殊鋼，砲金，りん青銅などを使用する．ノズルの数は普通1ランナに対し1個の場合が多いが，水量が多い場合や軽負荷時における高効率運転を意図する場合などには，1ランナに対してノズルの数を2個以上とし，あるいはランナの数を増す．また4個以上のノズルを1個のランナに対して取付ける場合は，立軸形とする．

デフレクタ
(3) **デフレクタ**(deflector)

水車の負荷が急減する場合には噴射水をただちに折り曲げ，バケットに当てずに下方に放水してから徐々にニードルを閉じ，水車の速度上昇と水圧管内の圧力上昇を10%程度におさめる．図2・5はデフレクタの取付状態を示す．

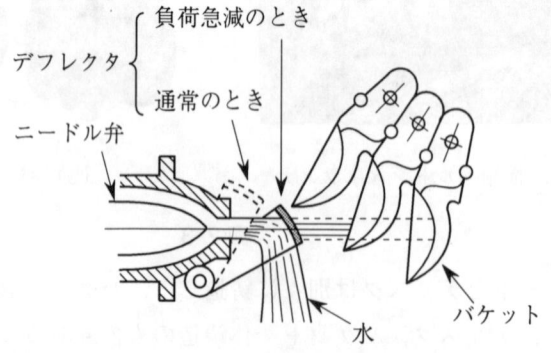

図2・5 デフレクタ

ジェットブレーキ
(4) **ジェットブレーキ**(jet brake)

デフレクタとニードルが動作した後，バケットの背後から全負荷時の使用水量の2〜5%の水を噴射して，ランナの速度上昇を防ぐとともに制動作用を行う．この関係位置は図2・1に示されているが，図2・6はこれの説明図を示す．

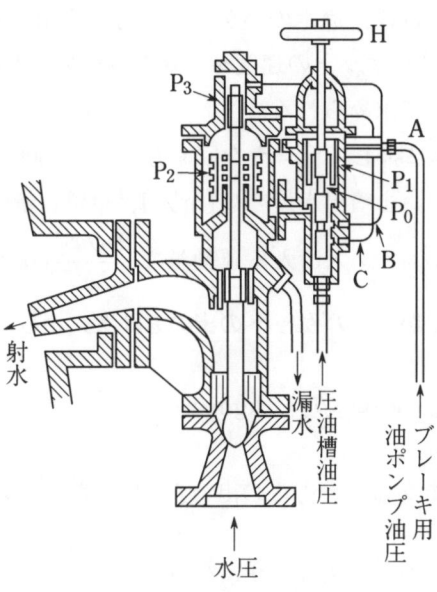

図2・6 ジェットブレーキ

(5) ケーシング（casing）

ペルトン水車では水圧を受けないが，ケーシング下部はノズルを取付けるために相当の強度と剛性を必要とするため，鋳鉄か鋳鋼を使用する．ケーシング上カバーは大形のものは一般に鋼板製である．図2・7は発電所に設置された横軸ペルトン水車群を示す．

図2・7 横軸ペルトン水車群

2・2 ペルトン水車の理論

ペルトン水車においては，噴出水は1個のバケットに対して図2・8のように衝突する．これによってランナが u の速度で運動している場合に，v_1 の速度でノズルから

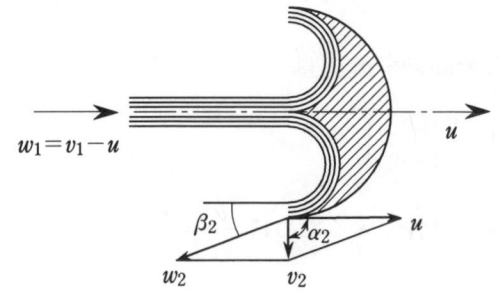

図2・8 バケットに作用する力

噴出する水を流入させれば，流水のバケットに対する相対流入速度w_1はv_1-uとなり，また流出速度v_2はバケットの速度uと流水のバケットに対する相対流出速度w_2とのベクトル和によって求められる．

バケットをuの方向に押してランナを回す力はuの方向における運動量の変化から求めることができる．いま噴出水量をQ〔m³/s〕，単位容量の水の重量をw〔kg/m³〕とすれば，$\dfrac{wQw_1}{g}$はバケットに入る運動量で$\dfrac{wQw_2}{g}\cos\beta_2$は$-u$の方向にバケットを去る運動量であるから，**バケットの出力**Pは次式から求められる．

バケットの出力

$$P = \frac{wQu}{g}(w_1 + w_2\cos\beta_2) \quad \text{〔kgm/s〕} \tag{2·1}$$

普通β_2は$5°\sim 15°$である．一方この出力Pを出すための入力は$\dfrac{wQv_1^2}{2g}$〔kgm/s〕であるから，**ランナの効率**は次のようになる．

ランナの効率

$$\eta_r = \frac{P}{\dfrac{wQv_1^2}{2g}} = \frac{\dfrac{wQu}{g}(w_1 + w_2\cos\beta_2)}{\dfrac{wQv_1^2}{2g}}$$

$$= \frac{2u}{v_1^2}(w_1 + w_2\cos\beta_2) \tag{2·2}$$

いまσを流水のバケット面に対する摩擦係数とすると，

$$\frac{w_1^2}{2g} = \frac{w_2^2}{2g} + \sigma\frac{w_2^2}{2g} \tag{2·3}$$

であるから

$$w_2 = w_1/\sqrt{1+\sigma} \tag{2·4}$$

また$w_1 = v_1 - u$であるから(2·4)式を(2·2)式に代入すると

$$\eta_r = \frac{2u}{v_1}\left(1 - \frac{u}{v_1}\right)\left(1 + \frac{\cos\beta_2}{\sqrt{1+\sigma}}\right) \tag{2·5}$$

すなわちuの値が変わると効率は変化する．

したがって最高効率は$\dfrac{d\eta_r}{d\left(\dfrac{u}{v_1}\right)} =$ として求めることができる．

これを計算すると

$$\frac{u}{v_1} = \frac{1}{2} \tag{2·6}$$

ランナの最高効率

したがって**ランナの最高効率**$\eta_{r\max}$は

$$\eta_{r\max} = \frac{1}{2}\left(1 + \frac{\cos\beta_2}{\sqrt{1+\sigma}}\right) \tag{2·7}$$

実際の水車では種々の条件が入るために$\dfrac{u}{v_1} = \dfrac{1}{2}$のときでなく$\dfrac{u}{v_1} = 0.42\sim 0.48$のとき最大効率となる．

また水車の出力は$(2\cdot1)$式より求められるPよりは小さい．それは水車の軸受けにおける摩擦や回転体が回転するときに生ずる空気抵抗による損失等の機械的損失があるからである．それらの値をϕとすれば，機械的効率η_mは

$$\eta_m = \frac{P-\phi}{P} \tag{2·8}$$

したがってノズル効率をη_mとすれば水車全体の効率η_tは

$$\eta_t = \eta_n \eta_r \eta_m \tag{2·9}$$

で表される．

ノズル効率　　また$(2\cdot9)$式に使ったノズル効率η_nは

$$\eta_n = \frac{\frac{v_2}{2g}}{H} = (C_v C_a)^2 \tag{2·10}$$

であって，これはニードルの開度に対しほぼ定まった値をもち，0.92～0.95の値である．またHは有効落差であって，vは水のバケットに当たる瞬間の速度〔m/s〕であり，vは次式に示すものである．

$$v = C_a v_0 = C_v C_a \sqrt{2gH} \text{〔m/s〕} \tag{2·11}$$

$$v_0 = C_v \sqrt{2gH} \text{〔m/s〕} \tag{2·12}$$

ただし
　v_0：水流がノズルから噴出する場合の速度〔m/s〕
　C_a：水流がノズルからバケットに当るまでの空気抵抗で0.98～0.99
　C_u：ノズルの速度係数（内部の摩擦係数）で0.95～0.98

2·3　ランナの直径

ペルトン水車の直径についての参考式を示すと次のとおりである．

$$N = 38 \frac{\sqrt{H}}{D} \text{〔m/s〕} \tag{2·13}$$

$$D = 0.545 \frac{\sqrt[n]{Q}}{H^{1/4}} \text{〔m/s〕} \tag{2·14}$$

ただし　N：回転数〔rpm〕　　H：有効落差〔m〕　　D：ランナの直径〔m〕
　　　　Q：ノズル1本当りの流量〔m³/s〕　　$n = D/d$（図2·4）

2·4　立軸ペルトン水車

ペルトン水車は水圧管の終端から，ノズルを通して水を大気中に噴射しているため，圧力は大気圧に等しい．したがってノズル端から放水路水面までの高さは利用

できない．このため横軸形ではなるべく水車の位置を低くとり，落差の損失を少なくする．しかしあまり低くしすぎると，洪水時に放水面の水位が上昇して水車に達するおそれがあるために，通常洪水面より1～2m高くする．また特殊な例としては水車を洪水時の水位より低く据えて，洪水時に放水路水位が水車室床面より上昇する場合，ケーシング内に圧縮空気を送って，水面を押下げる装置を設けるところもある．こうすれば平常時における落差の有効利用がはかられることになる．

　しかし立軸とすれば，この点が大いに改良できる．またこのほかにも立軸形は横軸形に比べて利点が多いために，近時**大容量ペルトン水車**には，この形式のものが多く採用されている．

大容量ペルトン水車

図2・9　立軸ペルトン水車ランナ

　大容量になると当然水量を増加する必要があるため，ノズル数を増加しなければならない．この場合横軸形であれば，四射形が最大であるが，立軸とすればその制約から解放される．次に立軸形が横軸形に対して有利な点をあげると，

　(1) 立軸では単輪で最高6個のノズルまで使用できるので，大容量水車の製作が可能である．

　(2) 奇数ノズルの採用も可能である．

　(3) ノズル数の多いものは横軸形では配管・操作・付属機器が複雑となるが，立軸の場合は配管・操作は単純である．

　(4) 掘さく量が少なくてよいから，工期の短縮ができ，基礎を深く掘り下げる必要のあるところでは立軸が有利であり，発電機との組合せに対しては，横軸形では建屋床面積を大きくする必要があるが，立軸形では約15％小さくてよい．

　(5) 水車重量は立軸形が15～20％程度軽くなる．しかし発電機は若干重くなるが，結局両者を合わせて考えると立軸形が5％くらい軽くなる．この理由は立軸形は単輪であって，軸受数・入口弁の少ないことによるためである．

　(6) ノズル数が増加するので，このノズル数を任意に変化させれば部分負荷効率を改善できる．

　(7) 水車発電機の分解が容易である．

　(8) 基礎が安定で，振動の不安が少ない．

　この反面欠点としては，

　(1) 2輪四射に比して単輪四射あるいは六射であるから，バケットの受ける衝撃が大きい．このため機械的な強度を大とする必要がある．

　(2) 全負荷運転中，負荷遮断した場合にデフレクタが動作し，ジェットが折り曲

2・4　立軸ペルトン水車

げられ，直接ケーシングにあたることになるので，この構造は堅固なものとする必要がある．

わが国では東平(27 300 kW)，和田川第二(68 900 kW)，黒部川第四(98 400 kW)などの各発電所で立軸ペルトンが採用されている．とくに黒部川第四は世界でも，この種のものでは有数の大容量機である．

立軸ペルトン水車　　図2・9は立軸ペルトン水車のランナで，図2・10は水車と発電機の組合せの断面図である．

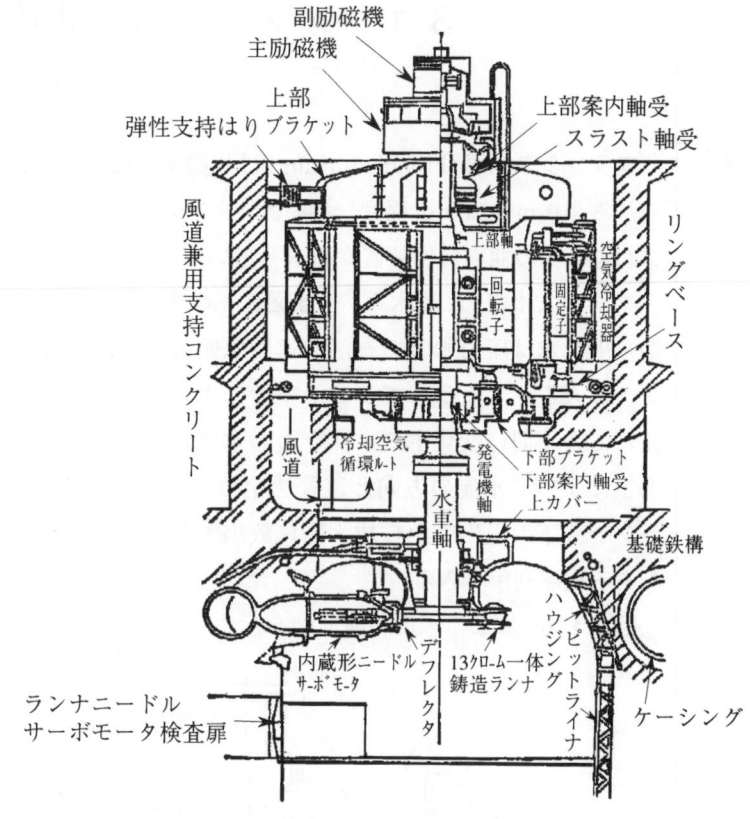

図2・10　立軸ペルトン水車および発電機

3 フランシス水車

3・1 フランシス水車の構造

フランシス水車

フランシス水車(Francis turbine)は反動水車の一種で，広範囲の落差に対して用いられる(10 m～300 m程度)水車で，ランナ，案内羽根，ケーシング，スピードリングおよびその他の付属装置からなっている．

フランス水車（反動水車）では**図3・1**の概念図のように案内羽根（ガイドベーン）から出た水は圧力水頭の一部を速度水頭に変え，一部を圧力水頭のまま保有してランナに入る．したがってランナ中での水の通路は水で充満され，圧力はこの通路を流れていく間に変化する．すなわち水圧管からくる水は，ケーシングを通り，案内羽根によって水流の方向と流量を定めてランナに流入して，これに回転力を与え，ランナ直下の吸出管から放水路に放出する．このため案内装置の出口から下の落差もある程度利用できる．

図3・1(b)はこの水車の断面図を示す．

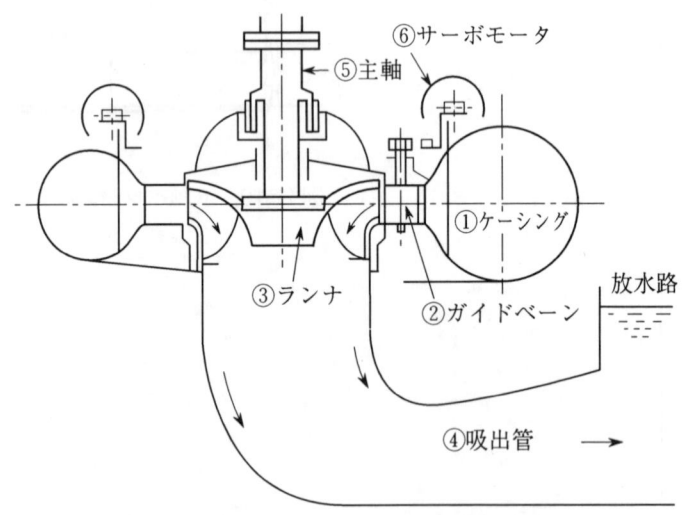

図3・1（a） フランシス水車の構造概念図

3·1 フランシス水車の構造

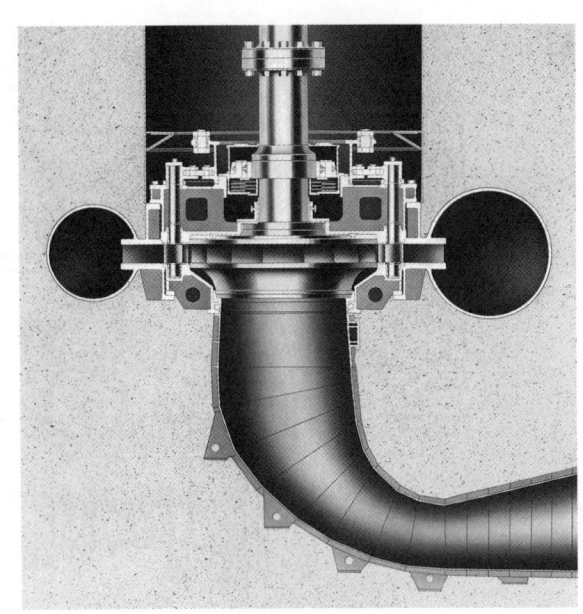

図3·1 (b) 立軸フランシス水車断面図

図3·2はこの種の水車で最も一般的な立軸単輪単流渦巻フランシス水車の構造の一例を示し，図3·3は横軸形の一例を示す．

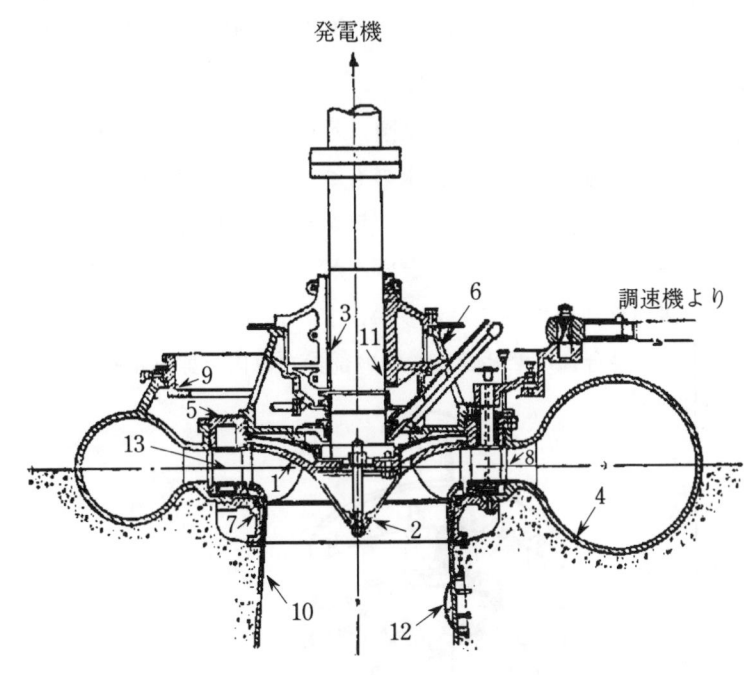

1：ランナ，2：ランナボスカバー，3：主　軸
4：外　箱，5：水車上カバー（外側）
6：水車カバー（内側），7：水車下カバー
8：案内羽根，9：ガイドリング，10：吸出管
11：バビットメタル，12：マンホール
13：スピードリング

図3·2　立軸フランシス水車の構造

3 フランシス水車

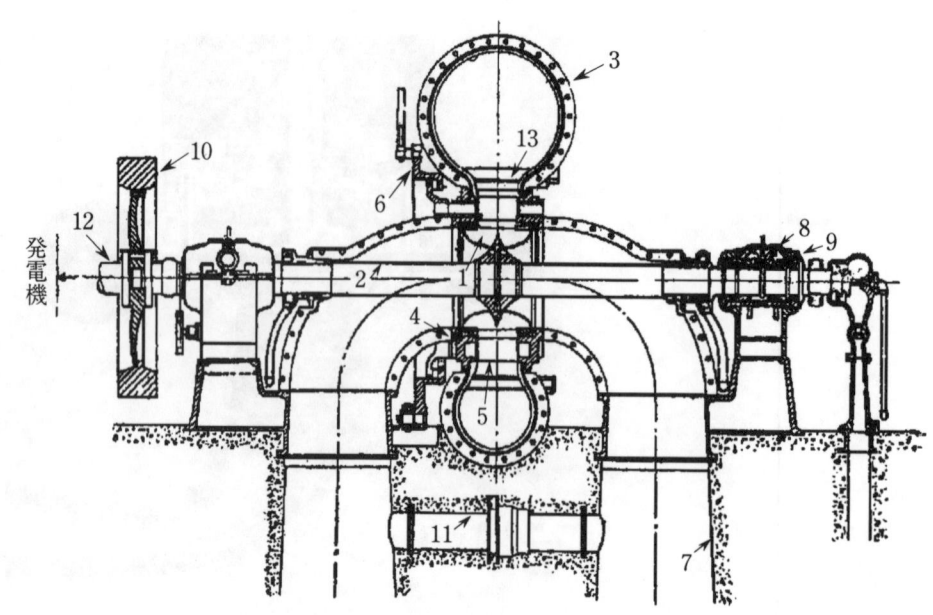

1:ランナ, 2:主　軸, 3:ケーシング
4:発電機側カバー, 5:案内羽根, 6:ガイドリング
7:吸出管, 8:スラストメタル, 9:バビットメタル
10:はずみ車, 11:バランスパイプ, 12:発電機軸,
13:スピードリング

図3・3　横軸フランシス水車の構造

ランナ

(1) ランナ(runner)

ランナは図3・4の概念図に示すような形状で通常取付ボルトまたは焼きばめによって主軸に結合され，水のもつエネルギーを機械的エネルギーに変えるもので，ランナ羽根，ランナバンド，ランナクラウン，ランナコーンなどからなる．材質は落差・水質などによって定めるが，一般に落差50m以下は鋳鉄，これを越えるものは鋳鉄を使用することが多い．また水質が悪い場合は特殊鋼・銅合金を使用するが，この場合には摩耗されやすい部分だけ肉を盛り溶接のうえ，仕上げすることもある．

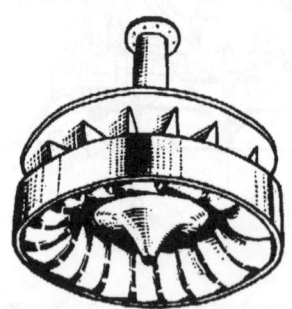

図3・4　フランシス水車ランナ概念図

また近時溶接技術の進歩に伴い，鋼板を溶接して製作することもある．

図3・5(a)はランナの外観をまた(b)図は吊り込み中のランナを示し，(c)図はランナの断面を示す．

またこの水車では使用落差および流量に応じて種々の形のランナが製作され，その形の適否は効率に及ぼす影響が大きい．すなわちこの水車は広範囲の落差に対して採用されるため，水車1台に使用する流量・回転数などの関係でランナの形態を変える必要がある．

(a) ランナ

(b) 吊込み中のランナ

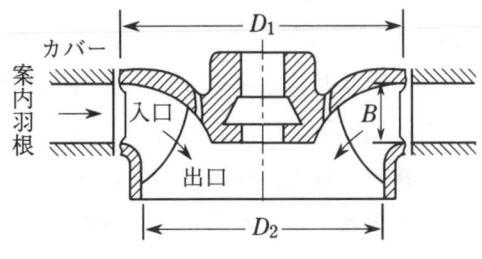

(c) ランナ断面図　　　図3・5　フランシス水車ランナ

一般に高落差の地点では流量が少なく，低落差ほど流量は豊富である．

高落差用ランナ　　したがって**高落差用ランナ**は図3・6(c)に示すように入口の幅が狭く，出口の直径
低落差用ランナ　　も小で，**低落差用ランナ**はこれと反対になる．

図3・6(a)は低落差用で高速車，(b)は中落差用で中速車，(c)は高落差用で低速車と呼ばれる．

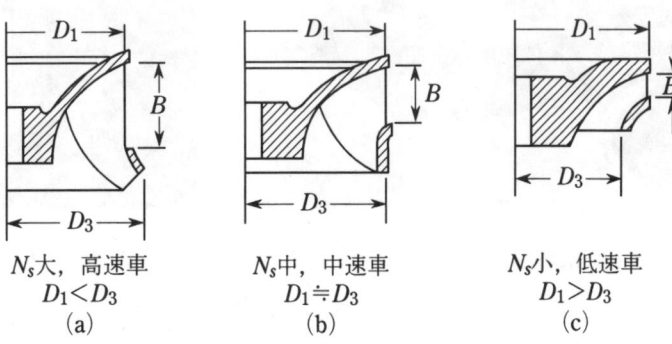

N_s大，高速車　　　N_s中，中速車　　　N_s小，低速車
$D_1 < D_3$　　　　　$D_1 \fallingdotseq D_3$　　　　$D_1 > D_3$
　(a)　　　　　　　　　(b)　　　　　　　　　(c)

図3・6　フランシス水車のランナの形態

図3・7はその形状略図を示す．また水車の速度（回転数）の選定に付いては10・1の比速度の項で述べる．

3 フランシス水車

(a) 高速度ランナ　　　(b) 中速度ランナ　　　(c) 低速ランナ

図 3・7　各速度に適したランナ形状

ランナの羽根数 Z_1 は小形で 8～9 枚，大形では 20 枚以上あり，ランナの直径を D_1 [m] とすると，

$$Z_1 = \Phi_1 \sqrt{D_1} \tag{3・1}$$

で示される.

ただし，Φ_1 は 15～17 の数値をとる.

ケーシング　　(2) **ケーシング** (casing)

フランシス水車のケーシングは常時水圧をうけ，また負荷遮断時などには急激な水圧上昇も加わるので，これに耐えるように造られる.

また落差と水量に応じて鋳鉄，鋳鋼，鋼板または鉄筋コンクリートで造る．鋳鉄ケーシングでは補強ボルトを入れることがある．大形のものは適当に分割して製作し，合わせ目をボルト締めとする．鋼板ケーシングは一般にスピードリングを別個に製作し，全周を十数等分してびょう接するが，最近は溶接技術の著しい進歩に伴い，鋼板溶接ケーシングも製作される．図 3・8(a) は水車およびケーシングの例を示す．

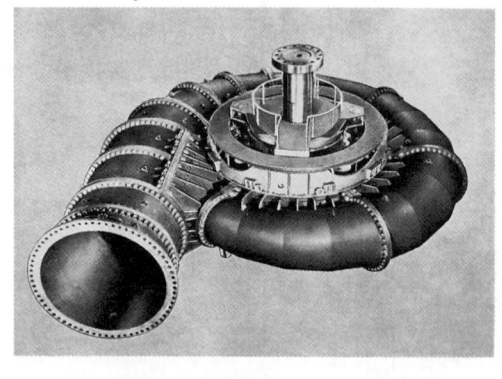 

(a) 水車とケーシング　　　　　　　　　(b) スピードリング

図 3・8

スピードリング　　(3) **スピードリング** (speed ring)

基準出力における案内羽根開度に対して，流水が最も適当に通過するように設計する．水車部分のうちで特に強度が必要なため鋳鋼が多いが，最近は溶接構造のものもある．大形のものは輸送の点を考慮して分割して製作される．図 3・8(b) はこの構造例を示す．

固定羽根　　その形状が羽根状であるため **固定羽根** (stay vane) とも呼ばれる.

案内羽根　　(4) **案内羽根**（ガイドベーン guide vane）

案内羽根はランナの外周に配置され，流水に適当な方向を与えることと共に必要

3·1 フランシス水車の構造

な流量をランナに与えるもので，その一枚づつは図3·9の形状をもっているが，各羽根は常に同一角度を保って回転することができ，その開口面積でランナに流入する流量が決定される．したがってこれによって負荷の変化に応じた流量が得られる．この調整には，外側調整式と内側調整式があるが，現在ではほとんど外側調整式が用いられる．この調整方法は水車軸の回りに**ガイドリング**(guide ring)を取り付けて，図3·10のように2本のロッドで動かす．この2本のロッドはSを回して動かされ，Sは水車調速機に連絡されている．この操作には相当大きい力を要するため，操作には油圧を使用する．図3·11は案内羽根の開閉状態を示したもので，実線は全開，点線は全閉の位置を示す．

図3·9　案内羽根（ガイドベーン）

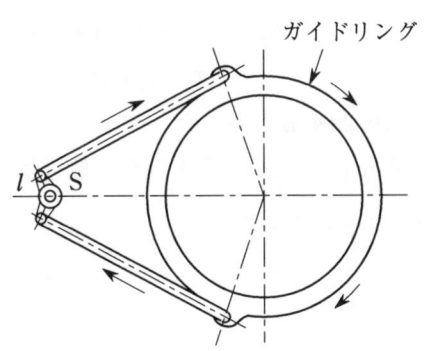

図3·10　ガイドリング

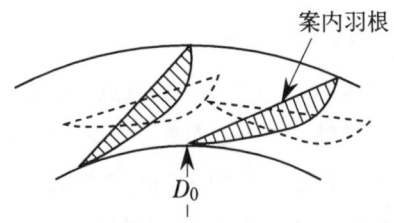

図3·11　案内羽根

羽根数Z_0はランナ羽根枚数Z_1よりも数枚程度多いのが普通で，工作上必ず偶数とし，D_0〔m〕を案内羽根の内側の直径とすれば，

$$Z_0 = \Phi_0 \sqrt{D_0} \tag{3·2}$$

で示され，Φ_0はおよそ13～20である．

最近低落差水車では入口弁が省略される場合が多くなり，案内羽根が入口弁の役目をかねる場合もある．

案内羽根は鋳鋼のものが多いが，全鍛鋼または鋼板のものもあり，水質が悪い場合は特殊鋼を使用する場合もある．また最近では，この案内羽根に水圧自動閉鎖式のものが採用されている．これはごくまれなことではあるが，油圧異常低下時の回転体の逸走(runaway)を防ぐための保護装置で，水圧による不平衡装置により，いかなる位置においても水圧によって自動的に案内羽根を閉鎖するものである．

3・2 フランシス水車の理論

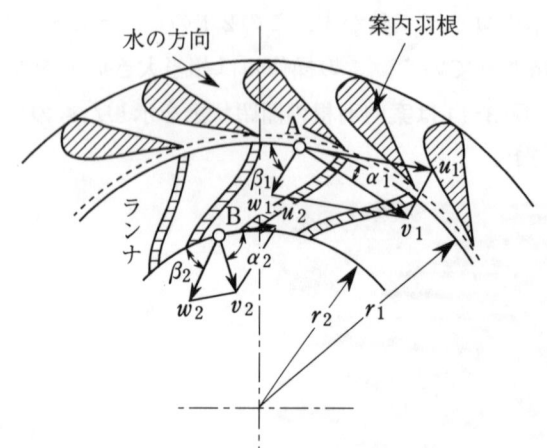

図3・12 フランシス水車における水の作用

- v_1：ランナ入口における流水の相対速度〔m/s〕
- w_1：　〃　　流水の絶対速度〔m/s〕
- u_1：　〃　　ランナの周辺速度〔m/s〕
- r_1：ランナ入口の半径〔m〕
- α_1：v_1とu_1とのなす角〔rad〕
- v_2：ランナ出口における流水の絶対速度〔m/s〕
- w_2：ランナ出口における流水のランナに対する相対速度〔m/s〕
- u_2：　　　　〃　　　　　　ランナの周辺速度〔m/s〕
- r_2：ランナ出口の半径〔m〕
- α_2：v_2とu_2とのなす角〔rad〕

とすると，図3・12において，ランナ入口A点では水はv_1の速度でランナに働くが，ランナはu_1の周辺速度で動いているから，ランナに対する水の相対速度はw_1の方向となる．したがってランナ入口においてw_1の方向にランナの水の通路を向けておくと，水流は羽根の間を通過する間にその方向を変えて，ランナ出口からw_2の相対速度で出ていく．ところがランナ出口はu_2の速度で回転しているから，水流がランナ出口から出て行くときの絶対速度はw_2とu_2との合成速度であるv_2となる．

いま水の重量をw〔kg/m³〕とし，Q〔m³/s〕の流量がランナ入口Aから出口Bまでの間にランナを与える回転力をTとすると

$$T = \frac{wQ}{g}(r_1 v_1 \cos\alpha_1 - r_2 v_2 \cos\alpha_2)$$

したがってランナが流水から受ける動力Pは

$$P = T\omega = \frac{wQ}{g}(u_1 v_1 \cos\alpha_1 - u_2 v_2 \cos\alpha_2) \ \text{〔kgm/s〕} \tag{3・3}$$

ただし　ω：ランナの角速度〔rad/s〕　　また$\omega r_1 = u_1$，$\omega r_2 = u_2$

ランナに作用する有効落差をH〔m〕とすると，その有する動力はwQH〔kgm/s〕で

ランナの効率 | あるから**ランナの効率**は

$$\eta_r = \frac{P}{wQH} = \frac{1}{gH}(u_1v_1\cos\alpha_1 - u_2v_2\cos\alpha_2) \qquad (3\cdot4)$$

したがって水車の効率を高めるには$(u_1v_1\cos\alpha_1 - u_2v_2\cos\alpha_2)$をできるだけ大にすればよい.

η_rは$\alpha_2 = 90°$のとき最大となり次のようになる.

$$\eta_{r\max} = \frac{1}{gH}u_1v_1\cos\alpha_1 \qquad (3\cdot5)$$

水車から出る水はある速度をもっているが,これをv_eとすれば,$v_e^2/2g$なる運動エネルギーは水車に有効に利用されない.このためフランシス水車では,この損失を回収するために吸出管(draft tube)が使われるが,それでもなお流出水の速度を0

排棄損失 | とすることはできないために多少のエネルギーが失われる.これを**排棄損失**(discharge loss)という.

3・3　ランナの直径

ランナの直径 | フランシス水車の**ランナの直径**に対しては次の式がある.

$$D_1 = \frac{60K_1\sqrt{2gH}}{\pi N} \text{ [m]} \qquad (3\cdot6)$$

$$D_2 = \sqrt{\frac{4Q}{\pi K_m \sqrt{2gH}}} \text{ [m]} \qquad (3\cdot7)$$

ただし
  D_1:ランナ入口の直径[m]
  D_2:ランナ出口の直径[m]
  K_1:係数　高落差用水車は0.6～0.7
    　　中　〃　　　0.7～0.8
    　　低　〃　　　0.8～0.9
  K_m:係数　高速車で0.35～0.4　低速車で0.15～0.2
  H:有効落差[m]
  Q:使用流量[m³/s]
  N:回転数[rpm]

また水車全体としての効率を最も良好とする直径D_2は(水車の排棄損失と摩擦損失との総和を最少とする)

$$D_2 = 4.4\sqrt[3]{\frac{Q}{N}} \text{ [m]} \qquad (3\cdot8)$$

3·4 部分負荷における効率低下

フランシス水車は部分負荷になると効率が低下する．その場合は比速度N_sの大きいものほど大きい．この理由は図3·13で説明できる．

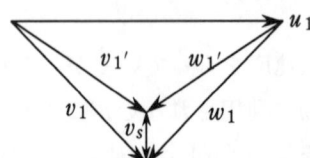

図3·13　速度線図

いまu_1，v_1，w_1をそれぞれ羽根の入口における正規の場合の周辺速度，絶対速度，相対速度とする．部分負荷になれば案内羽根の開度および方向が変わるとともに流量も減るため，半径方向の分速度も小さくなるから絶対流入速度はv_1'に変わる．

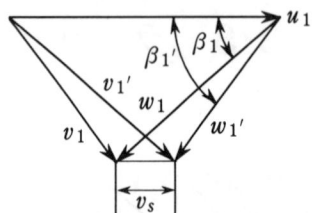

図3·14　速度線図

したがってw_1はw_1'の方向になるためw_1の端とw_1'の端を結んだ長さv_Sが衝突を起こす原因となり，その時の損失は$v_S^2/2g$で示される．これを**衝突損失**または**激動損失**という．流量が変わらずに流入方向だけが変わる場合は，図3·14のようになるが，やはり激動損失$v_S^2/2g$で示される．しかし同一大きさのv_Sでもv_1がそれぞれ小さいv_1'になるときの方が損失は大きい．

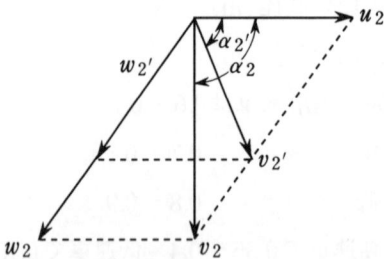

図3·15　速度線図

ランナ出口でも同様の現象が起こる．すなわち図3·15で，$\alpha_2'=90°$のときが正規の状態で，このときは吸出管には水の旋回分速度をもたないので排棄損失は最小になるが，部分負荷になるとv_2'に変わり，水はランナの回転方向と同じ方向に旋回速度をもって吸出管内を流下することとなる．

この点，後述のカプラン水車では羽根の角度を自動的に調整して激動損失をなくして効率の低下を防いでいる．しかしフランシス水車では羽根が固定されているため，このようなことはできないから，軽負荷運転の期間が長い場合には別の軽負荷運転専用のランナを準備しておいて，軽負荷運転期間に入るときランナを取替えて運転することがある．これを**軽負荷ランナ**（light load runnerまたはhalf runner）といい，これに対して水車の最大出力を与えるランナを**正規ランナ**（normal runner）とい

3・4 部分負荷における効率低下

う．図3・16は両者の相違を示す．

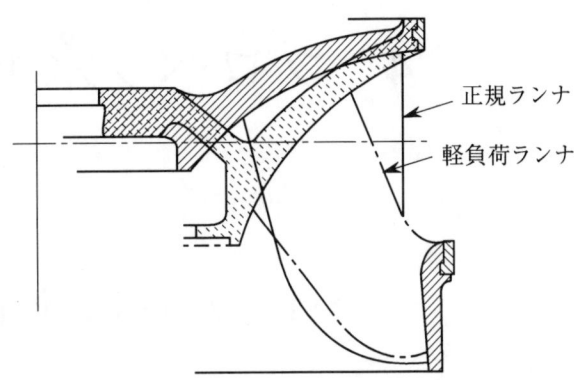

図3・16 フランシス水車の正規ランナおよび軽負荷ランナの相違

軽負荷ランナの無拘束速度は普通のそれよりも大きいため，取換えの場合は，発電機の回転子の強度を検査する必要がある．

図3・17は正規ランナと軽負荷ランナの出力および効率比率の一例である．

しかし最近では流量変動による効率低下を少なくするため可動翼水車が採用されることがある．

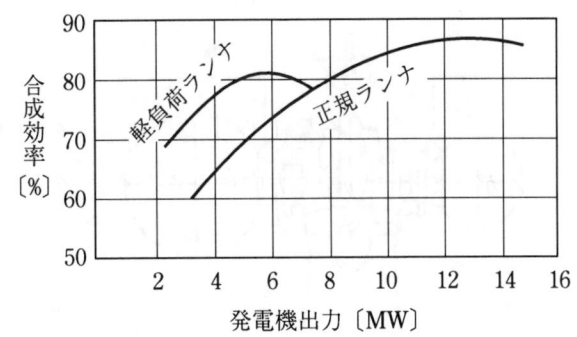

ランナ＼負荷	[kW]	H [m]	Q [m³/s]	N_s [m·kW]	[rpm]
正　規	15 000	165	9.33	103	500
軽負荷	7 300	165	5.5	72.2	500

図3・17 軽負荷ランナの効率

4 プロペラ水車

4・1 プロペラ水車の構造

　フランシス水車を低落差に使用すると，ランナ内の流水の相対速度が大きくなり，摩擦損失(friction loss)を増すが，縁輪を取り除き，羽根の数を少なくし，羽根の高さを低くすると，効率の高い水車とすることができる．このような構造の水車が図4・1の概念図に示す**プロペラ水車**(propeller turbine)であって，低落差用の水車としては，もっぱらこのプロペラ水車が使用される．

プロペラ水車

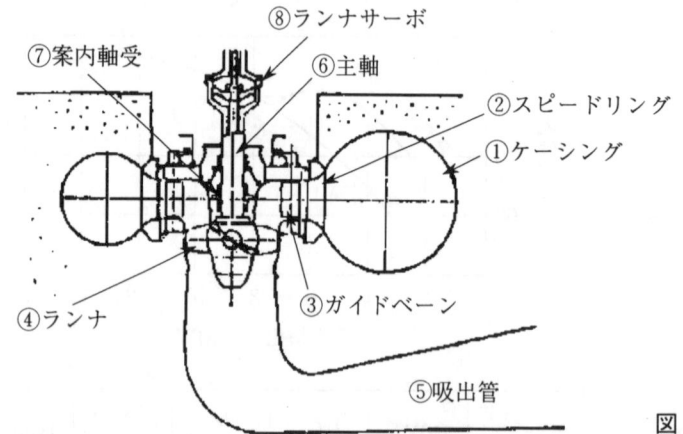

図4・1　プロペラ水車概念図

　プロペラ水車はフランシス水車と同じく水の圧力と速度とを利用するが，一般にフランシス水車に比較して速度を利用する割合が多い．

　プロペラ水車の羽根は3〜10枚であるが，構造上の点から固定羽根形と可動羽根形に分けられる．可動羽根プロペラ水車の代表的なものには**カプラン水車**がある．

カプラン水車
固定羽根プロペラ水車

　固定羽根プロペラ水車は，主として小容量もしくは中容量に用いられ，羽根はランナボスと一体の鋳物または別個に製作されて，製作時またはすえ付時に組立固定されるので，運転に入ってからは羽根の角度を調整することはできない．

4・2 プロペラ水車の理論

図4・2において
　　w：相対速度
　　C_a：羽根形と入射角Dとによって定まる揚力係数

K_θ：羽根のピッチ t と長さ l との比で定まる羽根列の干渉係数

Γ：長さ l の羽根のまわりの循環とすると

$$\Gamma = \frac{1}{2} C_a K_\theta l w$$

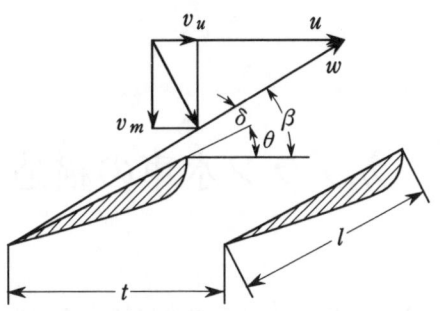

図 4・2 プロペラ水車における水の作用

また羽根の微小幅 dr あたりの揚力 dA は水の密度を ρ とすると $dA = \rho \Gamma w dr$ となる．中心から r の距離にある分割水車のする仕事 dW は，z を羽根枚数，dR を軸方向の推力，$\lambda = dR/dA$ とすると

$$\begin{aligned} dW &= zu(dA\sin\beta - dR\cos\beta) \\ &= zudA(\sin\beta - \lambda\cos\beta) \\ &= zu\rho\Gamma w dr \{(v_m/w) - \lambda(u-v_u)/w\} \end{aligned} \quad (4\cdot 1)$$

有効落差 H において $dQ = 2\pi r \cdot dr \cdot v_m$ の水のする仕事が dW に等しいとすれば，**分割水車の水力効率** η_h は

$$\eta_h = \frac{z\Gamma}{gH} \cdot \frac{r_a}{2\pi r_a} \left\{ 1 - \frac{\lambda(u-v_u)}{v_m} \right\} \quad (4\cdot 2)$$

ただし

r_a：ランナ外周の半径

u_a：ランナ外周における周速

4・3　プロペラ水車の直径

プロペラ水車の最大直径は，羽根の先端における周辺速度を U〔m/s〕，H を有効落差〔m〕，N を回転数〔rpm〕とすれば次の関係がある．

$$U = K\sqrt{2gH} = \frac{\pi DN}{60} \quad (4\cdot 3)$$

これから

$$D = \frac{60K\sqrt{2gH}}{\pi N} \quad (4\cdot 4)$$

ここで K は係数で大体 1.5～2.0 の範囲であるが，比速度の大きいほど大きい値を取る．

また前に述べたフランシス水車ランナの出口において排棄損失と摩擦損失との総和が最小になるという条件から導いた (3・8) 式 $D = 4.4\sqrt[3]{\dfrac{Q}{N}}$ からも概算できる．

5 カプラン水車

5・1 カプラン水車の構造

カプラン水車　カプラン水車 (Kaplan turbine) はプロペラ水車に属する水車で運転中案内羽根の開度を調節するとともに図5・1に示すランナ羽根の角度を変えて流量に応じた傾斜角をとることができるため，いかなる負荷でも常に高効率で運転できる特徴をもっている．

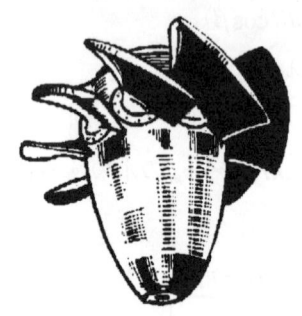

図5・1　カプラン水車ランナ

図5・2(a)はカプラン水車の構造を，(b)図は断面図を示す．

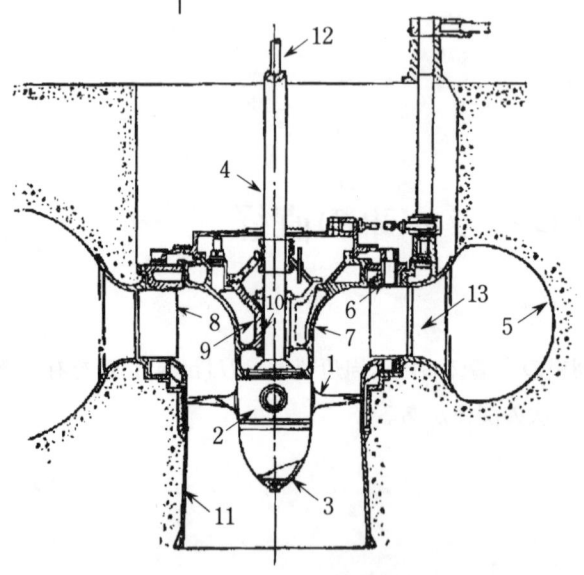

1：ランナブレード　　　　8：案内羽根
2：ランナボス　　　　　　9：ガイドメタル
3：ランナボスカバー　　 10：バビットメタル
4：主　軸　　　　　　　 11：吸出管
5：外　箱　　　　　　　 12：ランナブレード操作ロッド
6：水車上カバー（外側） 13：スピードリング
7：水車上カバー（内側）

(a) カプラン水車の構造

(b) カプラン水車断面図

図5・2

5・1 カプラン水車の構造

(1) ランナ

図5・3はランナの外観を示す.

図5・3 カプラン水車ランナ

ランナ　ランナは流水を軸方向に流水させる偏平な羽根と，羽根に加えられる水圧と遠心力とを支持するランナ羽根ステムとからなっていて，羽根数は落差により4～8枚が普通である．表5・1は羽根枚数を示す．

表5・1 カプラン水車羽根枚数

有　効　落　差	羽根枚数
6 ～ 15	4
10 ～ 25	5
20 ～ 40	6
35 ～ 45	7
40 ～ 70	8

ランナボス　ランナボスはランナを支え，ランナに生じるトルクを主軸に伝達する部分で，ランナ羽根開閉機構を内蔵する．ランナボス内部の羽根操作機構は強大な作用力をうけるので，ボス内部には潤滑油が充たされている．

羽根とボスは一般に鋳鋼または特殊鋼が用いられるが，羽根外周および先端裏側などの摩耗を受けやすい部分にはステンレス鋼を肉盛り溶接することも行われる．

(2) ランナ羽根操作機構

圧油導入装置，ランナサーボモータ，操作ロッド，ランナボス内部機構などからなっている．

ランナ羽根　カプラン水車で運転中にランナ羽根の角度を変えるには，普通主軸の中心部にあけた穴を利用して，これに圧油を送り，これで操作ロッドを動作させる方法をとっている．すなわち図5・4のランナ羽根機構図に示すように，ランナ羽根は調整軸の上下によって羽根回してこを動かして，羽根軸を回転させて羽根の傾斜を変える．

調整軸は上下運動と同時に水車主軸とともに回転する．また調整軸は発電機の最上部まで延びている．

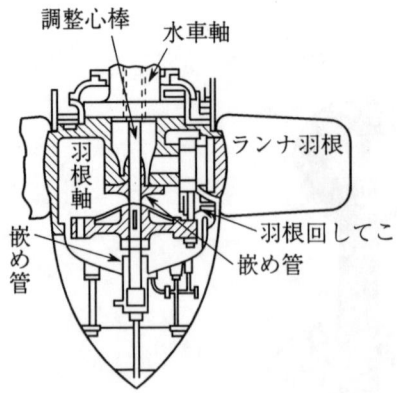

図5・4 ランナ羽根機構

図5・5のように水車と発電機の間にピストンを取付けたサーボモータがあり，調整軸はこれの円筒内に入っている．調速機からの機構はサーボモータに付属する配圧弁で作用し，圧油をピストンの上下に送ることによって調整軸を上下運動させると同時にピストン自体もサーボモータ内で主軸とともに回転する．

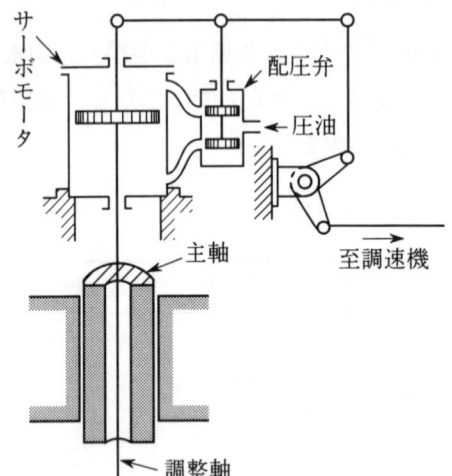

図5・5 羽根の開閉機構

(3) その他の部分

ランナとランナ羽根操作機構以外は前述のフランシス水車とほぼ同様である．

5・2 カプラン水車の効率曲線

カプラン水車は負荷の変化あるいは落差の変動に応じてランナ羽根（ブレード）の傾斜角度を調整することが行われるが，この装置の原理を図5・6に示す．図5・7(a)はランナ羽根の角度をそれぞれある値に固定して，負荷を変えたときの効率曲線を示したものである．したがって負荷変化時の最高効率曲線はこれらの各曲線に対する包絡線（envelope）を描いて求めることができるが，実際には水量の測定が精密に行われにくいため，効率の決定が困難である．このため図5・7(b)のように案内羽根開度と出力とを関連させて包絡線を求めて，**最高効率曲線**を決定する．このようにして最高効率を与える曲線が決定されると，発電機出力と案内羽根開度を連動させるカムの形状をこれによって決定する．

5・3 高落差カプラン水車

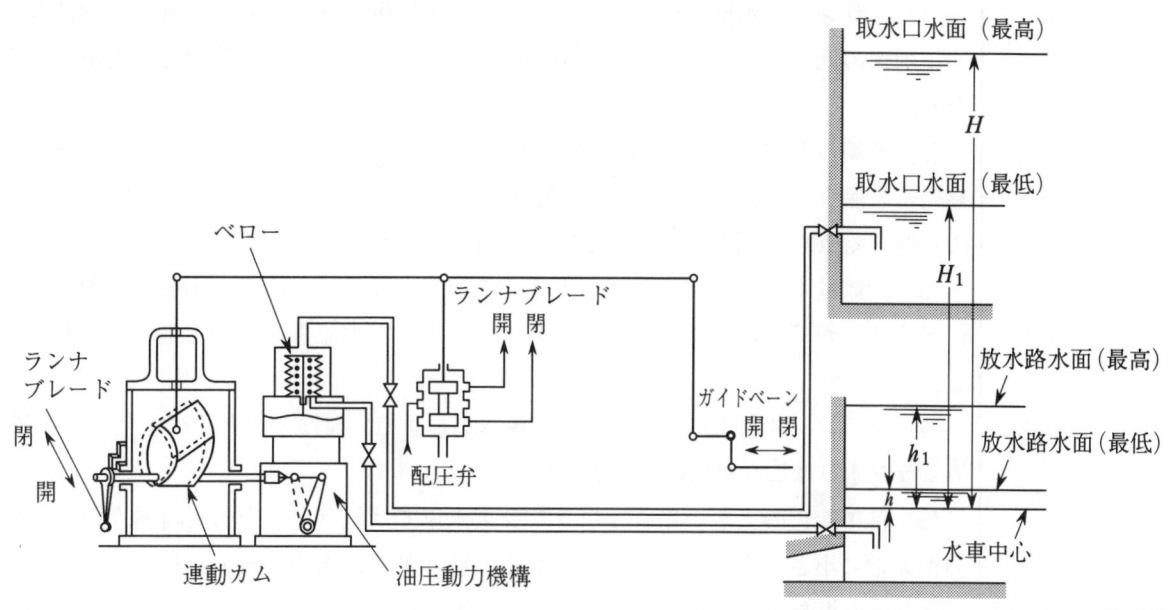

図5・6 変落差ブレード角度調整装置原理図

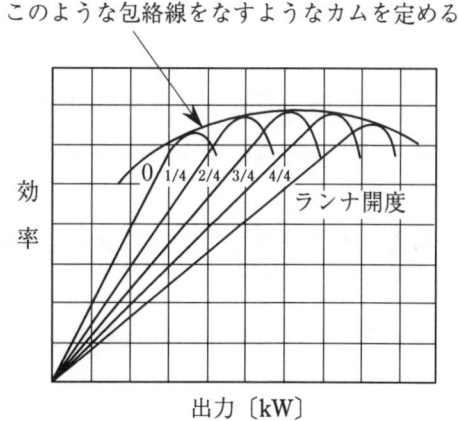

(a) 回転羽根の角度変更と効率の関係

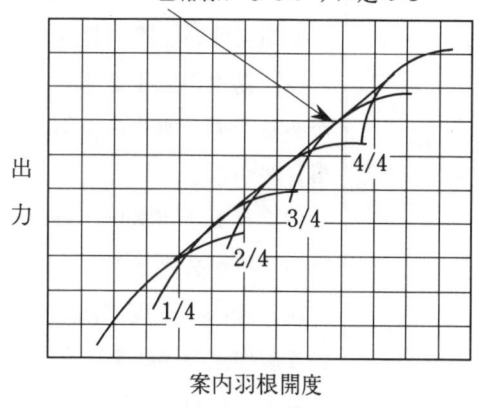

(b) 案内羽根開度と出力

図5・7

5・3 高落差カプラン水車

　従来はカプラン水車の使用範囲は一応30m以下と考えるのが常識とされていて，30m以上は主としてフランシス水車の領域であった．しかし技術の進歩により70m以上の高落差（従来の低落差に比例して）に対してもカプラン水車が採用されている．

　わが国における**高落差カプラン水車**の例としては，殿山（17 000 kW，70m），市房（15 600 kW，73.35m），岩志知（14 500 kW，58m）などがある．

　高落差にカプラン水車を使用した場合，フランシス水車に比べてすぐれている点は次のような諸点である．

5 カプラン水車

(1) フランシス水車に比べて高速度のものを採用できるため、発電機の価格も安く、効率の低下も少なく、寸法も小形にできるので発電所建屋その他の費用も安くなる．

(2) 使用流量および落差の変動に対してランナ羽根角度を変えることによって、高効率を保つことができる．とくに流量の変化する場合はフランシス水車2台と同等の性能を発揮でき、経済的に有利であり、簡素な発電所にできる．

(3) 大流量水車でランナ直径が大きくなっても、ランナボスと羽根に分割して輸送することができるので、フランシス水車に比べて大流量のものを造ることができる．

(4) フランシス水車のランナは一体鋳造が普通で、製作・仕上げが厄介であるが、カプラン水車はこれが比較的簡単である．

(5) 落差変化の大きい場合、フランシス水車では低落差になると流量が減り、出力が非常に小さくなるが、カプラン水車は低落差では案内羽根の過開を行い、さらにランナ羽根を開くことによって流量の減少を補い、出力低下を軽減できる．

以上に対して欠点は

(1) 1枚の羽根の受けもつ出力が大きいので、羽根裏面に生じる最大負荷が大となり、キャビテーションの発生による支障を防止するため、ランナを放水路水位に対して相当低い位置に設置しなければならない．

(2) 効率の低下を来さないようにするには、吸出管および放水路勾配にある制限があるため、水車の位置が低ければ、場合によっては必要な放水路長をとるのに工事費がかさむ．

(3) ランナボス内の機構の複雑化・強度上およびキャビテーション上から高級材料の使用が必要となり、価格が高くなる．

(4) 無拘束速度が高いので、発電機の強度の点、必要な慣性定数を与える点において製作上の困難を伴うことがある．

以上の諸点からカプラン水車を採用して有利となる発電所条件は、一般的には水路式発電所で流量の変化範囲が大きい場合および貯水池式または調整池式発電所で広範囲の負荷調整を行う場合、または大きな落差変動を伴う場合などである．

6　斜流水車

　いままでに述べた水車は，最近の発達にかかる高落差カプラン水車や，立軸ペルトン水車を除けば古くからよく知られた水車であるが，これに対して斜流水車，円筒形水車，可逆ポンプ水車などは比較的新しい水車といえる．

斜流水車　　**斜流水車**（diagonal flow turbine）は**図6·1**に示すような構造のランナをもち，しかもこのランナは可動羽根翼である．そして構造そのものは，フランシス水車とカプラン水車を組合わせたようなものである．したがってランナに水を導く部分およびランナが水を放水路に導く部分は従来の水車と同様である．**図6·2**(a)は斜流水車の構造を示したものである．(b)図はこの断面図を示す．

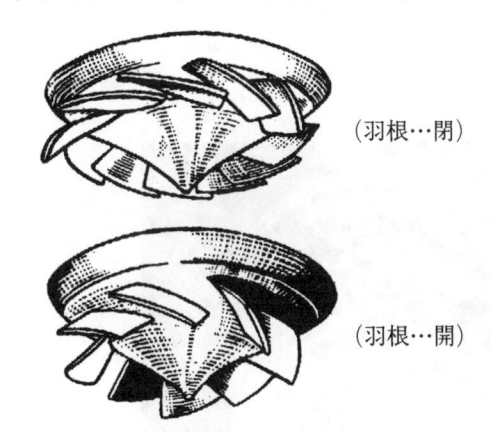

（羽根…閉）

（羽根…開）

デリア水車　　　　　　　　　　　　　　　　　図6·1　斜流水車ランナ

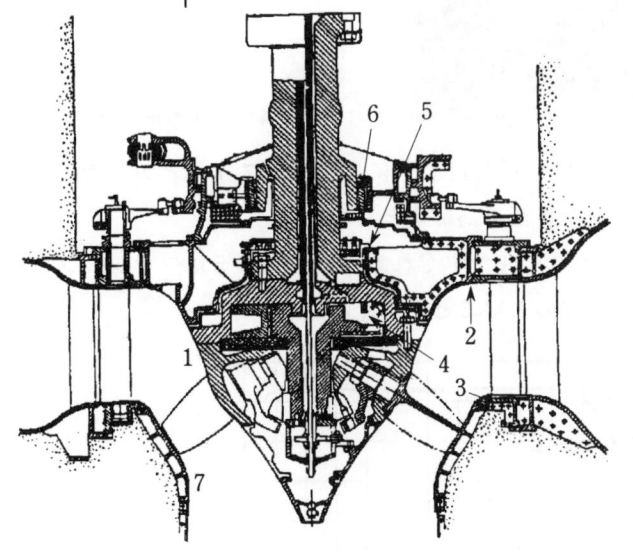

1：ランナ　2：上カバー　3：下カバー　4：ランナサーボモータ
5：パッキン箱　6：主軸受　7：ディスチャージリング

(a) 斜流水車の構造　　　　　　　　　　　　(b) 斜流水車断面図

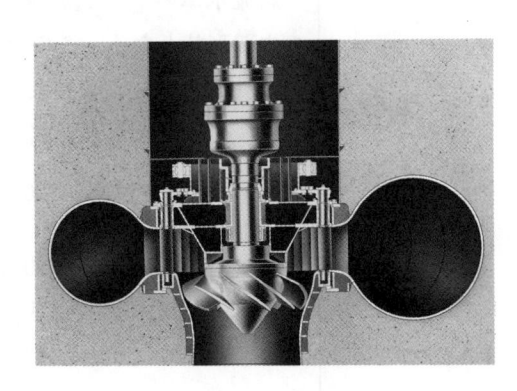

図6·2　斜流水車

6 斜流水車

またランナ羽根サーボモータに圧油を送る配圧機構もカプラン水車と全く同じであるが，最も相違する点は図6・3に示すように斜めに配列した羽根を動かす駆動機構である．図6・4はランナの状態を示す．

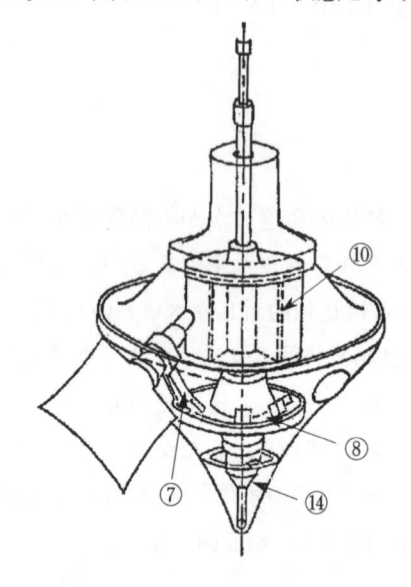

⑦羽根操作アーム　⑧スライド・ブロック
⑩回転サーボモータ　⑭レターン用カム

図6・3　羽根駆動機構（デリア式）

斜流水車ランナ

図6・4　斜流水車ランナ

斜流水車のランナ形状は図6・4にも示したようにフランシス水車とカプラン水車の中間形状となる．この水車の主な特徴をあげると

(1) 変落差・変負荷に対する水車特性がすぐれている．図6・5はフランシス水車との比較例であるが，部分負荷効率のよいことがよくわかる．

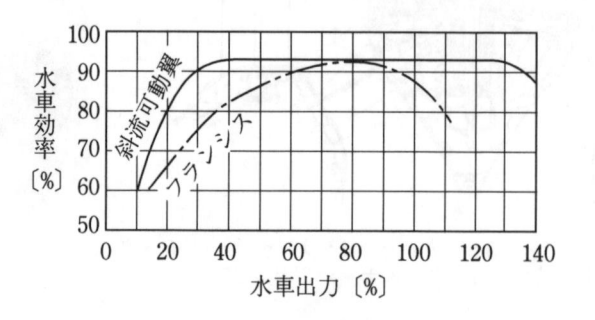

図6・5　水車効率比較

6　斜流水車

(2) 高落差カプラン水車に比較して特性がよい．
(3) フランシス水車に似て無拘束速度が低い．

この水車は主として40〜180mの落差の水力地点に採用されるがわが国における実績も多く，低落差フランシス水車の分野に進出している．

7　ポンプ水車

ポンプ水車 | 　**ポンプ水車**というのは，水車を逆転してポンプ作用を行わせるものであって，斜流形とフランシス形がある．いずれも性能はそれぞれ専用機として設計したものよりは若干劣るけれども，次のような特徴を持っているもので，**揚水発電所用水車**として急速に発達したものである．

揚水発電所用水車

　(1) 専用ポンプが節約され，1個の水力機械と1個の電気機械という簡単な構造とすることができるため安価である．
　(2) 特殊なポンプ軸接手が不要である．
　(3) 機械の配置，すえ付が著しく簡単である．
　(4) 鉄管・入口弁がそれぞれ1個ですむ．
　斜流形ではこのほかに次のような利点もある．
　(1) 可動羽根であるため，落差・負荷の変動に対しても効率の低下が少ない．
　(2) 一定揚程で，かなり広範囲に流量調整ができるので，柔軟な揚水計画に応じられる．
　(3) ポンプおよび水車別置に比べて，ポンプ水車は揚水・発電の切換時間が多少長くなるが，**斜流形ポンプ水車**は羽根を全閉にして水の抵抗を減らし，そのままポンプとして始動できるので，切換時間が非常に短縮できる．

斜流形ポンプ水車

　わが国では，南原 (318 000 kW, 318 m)．新高瀬川 (336 000 kW, 241 m) などがフランシス形ポンプ水車で，高根第一 (88 000 kW, 136.2 m)，馬瀬川 (149 000 kW 104 m) などが斜流形である．ポンプ水車については，揚水発電所の解説のところでさらに説明を加える．

8 円筒形水車

円筒形水車 | 　円筒形水車（チューブラ水車，ロールタービンともいう）は，プロペラ水車の一種であり，普通形のプロペラ水車と相違しているのは，超低落差用の水車で渦巻形ケーシングがなく，流れがほとんど直線的に軸に沿って流れる構造になっている点である．このため従来のカプラン水車とはすえ付方法が甚だしく異なり，流水路内に発電機を設置するなどの独特の方式が採用される．図8·1はこの水車外観の一例で

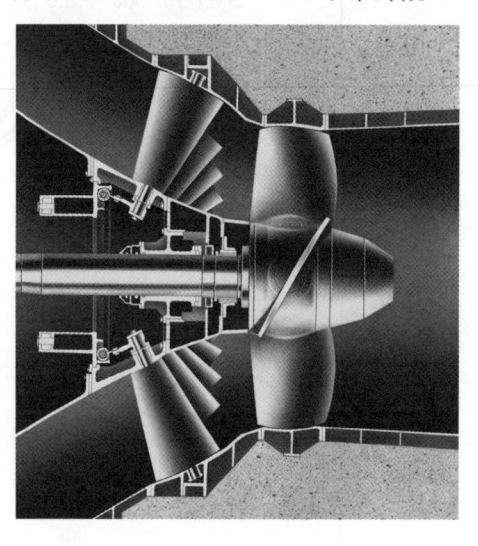

　　　(a) 円筒形水車の外観　　　　　　　　　(b) 円筒形水車の断面

図8·1　円筒形水車

ある．(b)図は据付状態での断面図を示す．
　チューブラ水車は超低差の水中発電所に多く採用されているが，ここでこの水中発電所について言及しておくことにする．

8·1　水中発電所

　水力発電所は一般に高落差のものほど有利に開発できるため，これらが最初に開発され，これがしだいに中落差に移り，最後に低落差の地点が残されてきた．

超低落差地点 | 　従来では10から12m以下の**超低落差地点**は経済的に不利なことと，これに適する水車・発電機が製作されなかったために見逃されていたわけである．すなわち低落差地点では水量が豊富であっても機械が大形になり，建設費が割高になる欠点があるわけである．
　超低落差地点の開発に対して水車は

-35-

8 円筒形水車

(1) 小さい機械で，大きな水量を通すことができること．
(2) 構造や現地での組立てが簡単なこと．
(3) 効率のよいこと．
(4) 運転保守が安全確実に行えること．
(5) 建屋や土木工事が簡単であること．

などの要求を満足せねばならない．これに対して好適なものが円筒形水車（tublar turbine）であり，これの出現によって従来あまり開発されなかった超低落差地点の開発が行われだした．

水中発電所　ここにいう**水中発電所**は，簡単にいえば水車と増速装置（ない場合もある）と，発電機を組合わせて河川の水中に入れて発電する発電所のことである．図8・2は水中発電所の一例を示す．

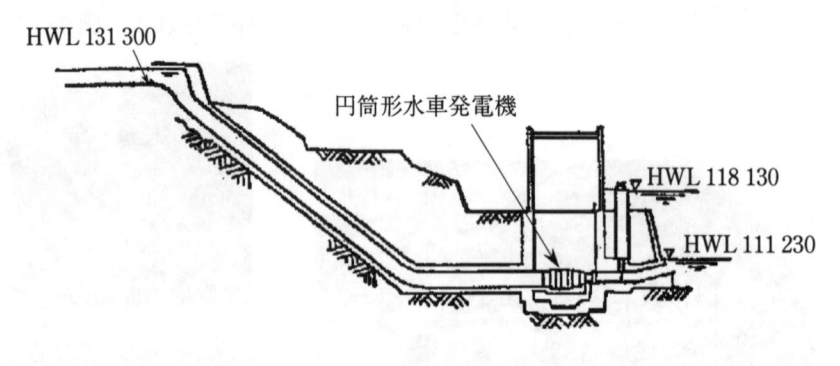

図8・2　水中発電所

8・2　配　　置

水中発電所には円筒形水車と，誘導発電機（induction generator）を接続した方式のものがほとんどであって，遠方制御の無人発電所とされることが多い．また落差が低いためにカプラン水車の使用が考えられるが，水路の形を簡単に，しかも水頭損失を少なくするために横軸形とするのが効果的であって，カプラン水車では大きい吸出管を必要とするため，建屋面積は大となり，建設費が安くならない．このため流路に急な曲りをつけず，全長を短くするため発電機を流路内におくことが考えられ，**円筒形水車発電機**が発達した．

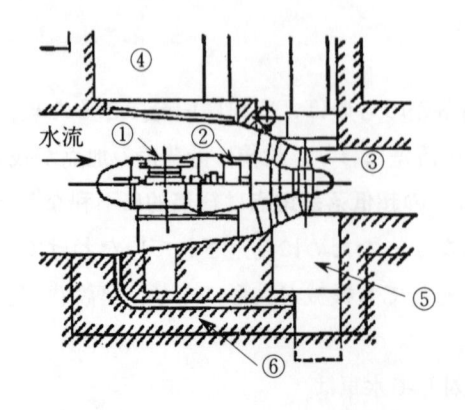

① 発電機　　④ 機械室
② 増速装置　⑤ 点検廊下
③ タービン　⑥ 排水管

図8・3　円筒形水車発電所配置図（1）

-36-

この配置を大別すると図8·3のように発電機を直接水の中におき，その外周を水が流れるようにしたものと図8·4のように発電機を保護ケーシングの中におさめ，保護ケーシングの外側を水が流れるようにしたものがある．前者の場合，発電機は全閉外被水冷形となり発電機で発生した熱はすべて発電機のフレームを通り水流によって運び去られる．この形では構造上漏水に対してとくに注意を要する必要がある．

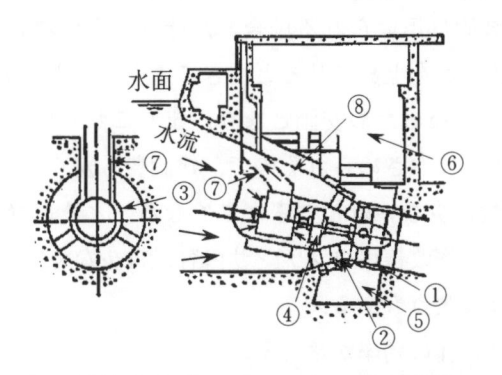

① 水　車　　⑤ 監視廊下
② 案内羽根　⑥ 機械室
③ 発電機　　⑦ 排気ダクト
④ 増速装置　⑧ 上部開口

図8·4　円筒形水車発電所配置図 (2)

全閉外被水冷形は現圧のところ比較的小形のものに用いられる．

後者の場合は保護ケーシングが発電機増速装置を水流から保護するようになっていて，発電機は開放形でその冷却方式は防水ケーシング内の空気を吸い込み，発電機内部を冷却した後排気ダクトから熱風を吐き出す．この形式のものは大形のものに適している．図8·5はチューブラ水車発電機の断面の一例を示す．

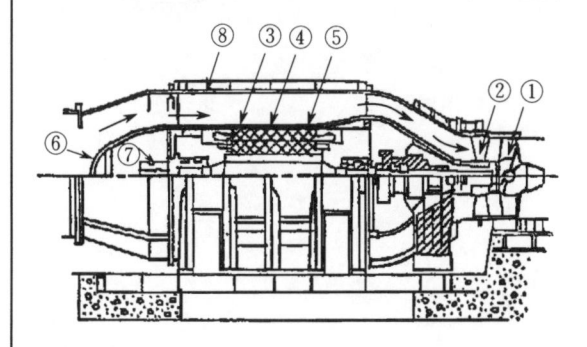

① ランナ羽根　　⑤ 回転子
② 案内羽根　　　⑥ キャップ
③ 固定子フレーム⑦ 速度検出装置
④ 固定子鉄心　　⑧ 水圧管

図8·5　円筒形水車発電機

8·3　水車の各形式と構造

(1) 水車の各形式　図8·6のような形式がある．

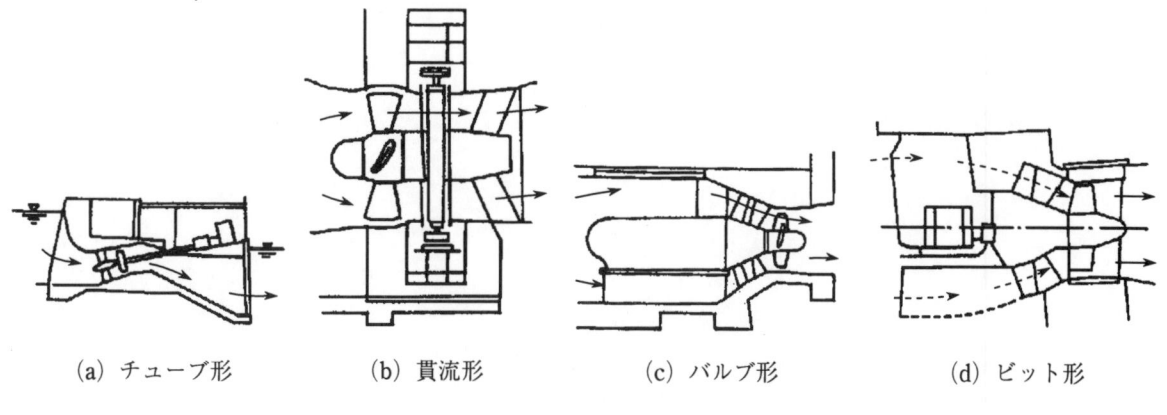

(a) チューブ形　　(b) 貫流形　　(c) バルブ形　　(d) ピット形

図8·6　チューブラ水車の形式

(2) ランナ羽根　ランナ羽根の数は5枚程度で，その内部にランナ羽根開度調節機構を有し，その開度は任意に調節できる．

(3) 案内羽根　ランナ羽根のすぐ上流側にあり扇形をしていて，ランナ羽根より数は多い．ランナ羽根同様開度の調節が可能で，全閉時には水を完全に遮断し，入口弁の役割をはたす．

(4) 増速装置　増速装置は用いられる場合と，そうでない場合があるが，増速装置を使用して発電機の回転数を上昇させるとつぎにような利点がある．

(1) 発電機は小形軽量になるため安価となり，またこれに伴って保護ケーシングや発電所の配置全体が小形におさめられるので，建設費も安くてすむ．

(2) 誘導発電機は極数が少ないほど力率がよくなる．とくに軽負荷では力率の差が著しく，増速によって力率改善用コンデンサの容量は少なくてすむ．

しかし反面，次のような欠点もある．

(1) 増速歯車の分だけ全体の効率が落ちる．

(2) 増速歯車の分だけコストが高くなる．

増速用には平歯車も考えられるが，遊星歯車の方が場所をとらず効率もよいので多く使われる．

9 水車の損耗と振動

9・1 水車に起こる故障

主なものをあげると次のとおりである.

腐食　(1) キャビテーション(cavitatin)による**腐食**
摩減　(2) 水中に土砂・粘土などを混入していたために生じる**摩減**(abrasion)
浸食　(3) 水に酸を含んでいるために生ずる**浸食**(erosion)

これらはいずれも水車効率の低下，出力の減退，構造材料の疲労などを発生する原因となる.

9・2 キャビテーション

キャビテーション　(1) キャビテーション(cavitation)

キャビテーションは空洞現象または空所発生現象ともいわれ，水にふれる機械部分の表面ならびに表面近くにおいて，水に満たされない空所を生ずる現象である.

この現象が起こると水車の効率を低下するばかりではなく，振動と騒音を起こし，材料は浸食をうけて，ついに破損に至る.

(2) **発生原因**

キャビテーションの発生原因は，流れている水の中にある程度の低圧部あるいは真空部分ができると，そこで水中に含まれている空気が遊離して気泡となり，あるいは一部の水が水蒸気に変わって，水流とともに流れ去ろうとする．しかし圧力の高い個所に出合うと，そのままの状態で存続することができなくなり，その部分に水が突入してこのときの衝撃圧力による機械的な原因が主なものであるといわれている.

(3) **キャビテーションによる腐食**

キャビテーションが発生すると水車を構成する金属材料におよぼす**空洞の浸食作用**が発生する．すなわちキャビテーションによって発生した気泡や空洞は，前述のようにその周囲の水とともに流れて圧力の高い場所に達すると，それが突然つぶれ，その瞬間に非常に高い圧力が生ずる．この際高圧は付近の物体や壁の材料に大きな衝撃をあたえ，かつ衝撃が連続的に起こる結果，はげしいくり返し衝撃を加えることになるため，金属面がこの圧力によって疲労し，海綿状の損傷を生じて接水面が浸食(erosion)される.

キャビテーションの発生する場所は水車の形式によってさまざまであるが，フラ

9 水車の損耗と振動

ンシス水車ではランナ，案内羽根，スピードリング，水車ケーシング，吸出管などであり，このうちランナに関する被害が最もはなはだしい．

カプラン水車ではランナ先端，ランナとボスとの接着部，ランナ後部などに特に多い．

ペルトン水車ではジェットノズル内側，ニードルチップ，バケット内部，バケット先端裏側および側裏面などである．

その他蝶形弁の弁胴，弁体，水圧調整機の入口などにも起こる場合がある．

図9・1(a)はキャビテーションによる浸食の例を示す．

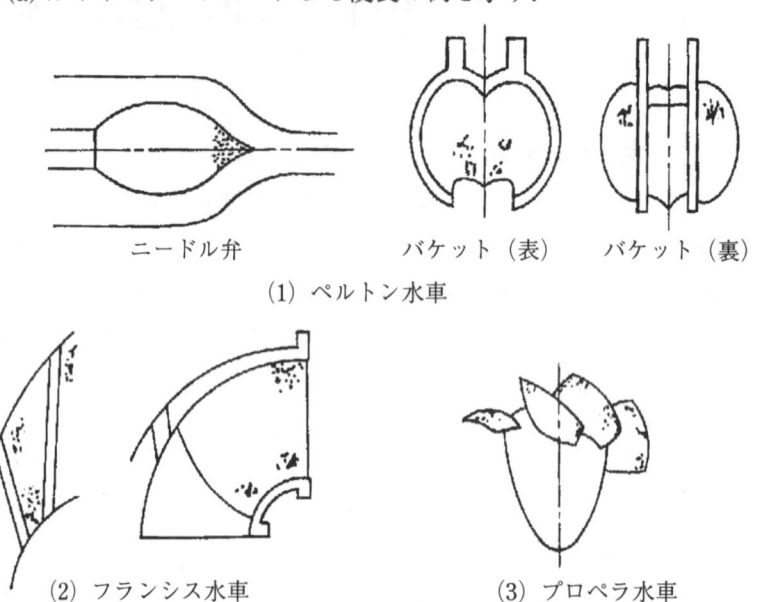

ニードル弁　　　バケット（表）　　バケット（裏）
(1) ペルトン水車

(2) フランシス水車　　　(3) プロペラ水車

(a) キャビテーションによる各種水車の壊食例

(a) ペルトン水車　　　(c) フランシス水車

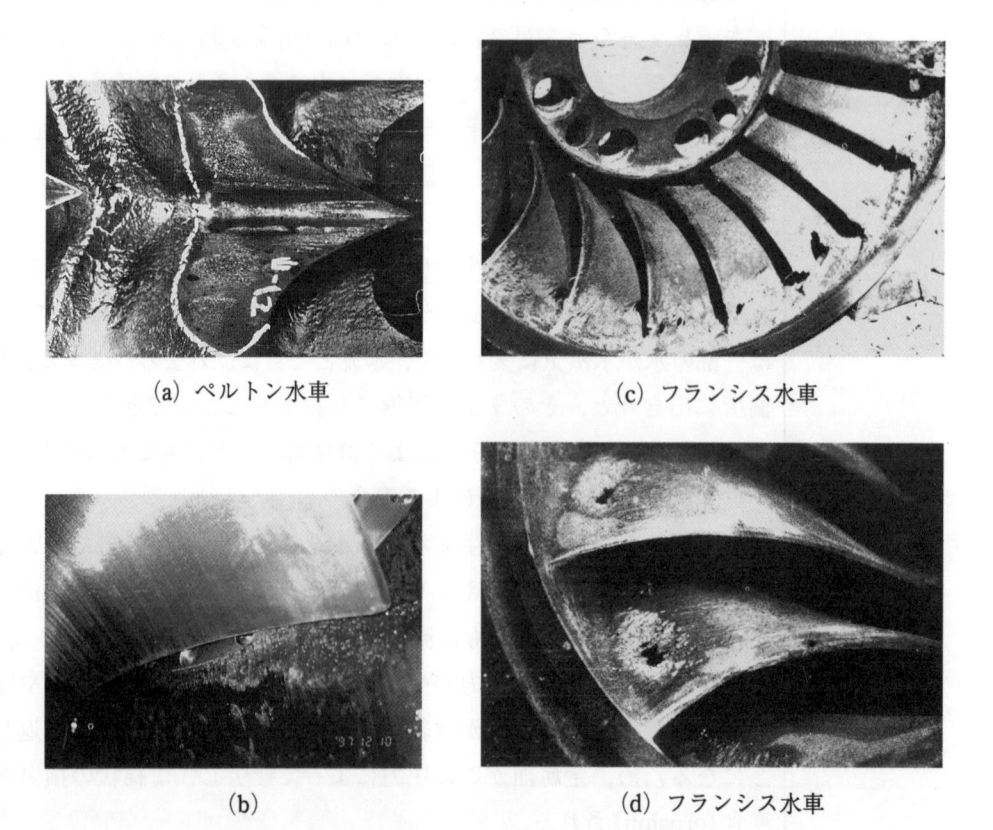

(b)　　　(d) フランシス水車

図9・1 (b) キャビテーションによる壊食実例

9・4 振動および騒音

　(4) 水車に与える振動 (vibration)

　キャビテーションがランナ出口側に発生した場合，軽負荷あるいは過負荷時には吸出管側の低周波振動と重複して高周波振動を起こすことがある．また吸出管内にキャビテーションを生じた時は，何かの原因でその発生状況が変化した場合，その衝撃圧力によって振動を起こすことがある．この振動は負荷の状況，吸出管の構造，吸出高などに影響をうけて振幅が増減し，機器・建屋にその振動を伝えて損傷を与える．

　(5) キャビテーションの防止対策

> キャビテーション

　キャビテーションの防止対策としては次のような事項があげられる．

　(1) 反動水車の吸出管の高さを過大にしないこと．また比速度も高くとりすぎないこと．

　(2) 低圧部に空気を入れる．すなわち吸出管に孔をあけて，入口に適量の空気を導入し，一時真空を破壊すること．（水力設備書 p.38 図8・2参照）

　(3) 流水と接する面をできるだけ平滑に流れるような形とし，かつ表面仕上げを十分にすること．

　(4) 水車をなるべく部分負荷で運転しないこと．これは軽負荷時にランナの出口で水が旋回運動をする結果，中心部にキャビテーションを生ずるためである．

　(5) 浸食に対して強い材料を用いること．これに適する材料には18-8ニッケルクローム鋼，13クロム鋼，Ni-Cr-Mo鋼，非鉄材料ではステライト，ベリウム青銅，アルミ青銅などがある．

　(6) 被害部分の修理，取替えを早期に行うこと．

9・3　水質不良による損耗

　水車はキャビテーションによって浸食されるほかに，水車流入水の中に土砂，粘土などの雑物，酸分などを含有していると，バケット，ノズルおよびニードルチップ，ランナ羽根，案内羽根，ケーシング，ライナ類などが損傷を受ける．これに対しては水車の材質の考慮，沈砂設備の完備などの対策を要する．

9・4　振動および騒音

> 振動

　(1) 振　動 (vibration)

　水車に起こる**振動**は水力的振動，機械的振動，電気的振動に大別できる．水力発電所に限らず一般に回転機の振動は，運転保守上最も厄介なものの一つであって，その原因が単純でなく，種々の原因の複合である場合が多いため，対策も困難な場合がある．また水車の振動は発電機にも関係があり，水圧管の振動の影響がある場合もある．ここでは発電所全般について，振動の原因と対策の概略を**表9・1**に示す．

9 水車の損耗と振動

表9・1 振動の原因と対策

個所	原因	対策
水車および発電機共通	(イ) すえ付不良による機械的の振動 (ロ) 軸受メタル摩耗 (ハ) 回転部の不平衡	(イ) ① 主軸のわん曲修正 ② 心出しの再調整 ③ 推力軸受ならびに中間軸および水車軸の接手再調整 (ロ) メタル取換再調整 (ハ) バランスウェイトの取付
水車	(イ) 案内羽根またはランナ羽根への異物のかみ込み (ロ) 水圧による軸方向推力の不平衡 (ハ) キャビテーション (ニ) 案内羽根およびランナ羽根間の水圧波の干渉 (ホ) 吸出管の剛性不足	(イ) ① 異物の除去 ② 損傷部位（案内羽根の弱点ピンなど）の修理 (ロ) ① バランスパイプの取付 ② ランナおよびカバーライナの取換えによる漏水防止 (ハ) ① 水車の吸出高の減少 ② 吸込管への空気吸入管の取付 ③ 案内羽根およびランナの翼形の改良（その他水力学的形状の改良） ④ 水車の比速度の適当な選定 (ニ) ランナ羽根枚数の適当な選定 (ホ) コンクリートまたはスティフナによる補強
水圧鉄管	(イ) 渦流 (ロ) 調速機不調その他による水圧の継続的変動 (ハ) キャビテーション (ニ) 急激なわん曲 (ホ) 剛性の不足	(イ) 水圧管入口や水圧鉄管布設の形状の改良による渦流の軽減 (ロ) 水圧変動原因の除去または軽減 (ハ) 局部的にキャビテーションを生ずるような形状部位の修正 (ニ) ① 形状の修正 ② 支持台による固定強化 (ホ) スティフナまたは小支台による補強
建物	(イ) 発電機室床などの剛性不足 (ロ) 諸種の振動源に対する局部的共振	(イ) 補強 (ロ) 補強などにより共振からの逸脱

(2) 騒音

騒音は振動体が音源となって，空気に伝わるわけではあるが，振動と騒音は同一原因である場合が多い．しかし機器の構造上問題とならない振動でも非常にはげしい騒音を発するときもある．また発電機の騒音も同時に考える必要があるが，その原因について述べると次のとおりである．

(1) 水車に生じる騒音　水力的渦流にもとずく振動が原因であるが，ランナの騒音と吸出管の騒音とがある．

(2) 発電機に生ずる騒音　冷却用空気の機器構成部品への衝突および摩擦などによる通風騒音や，磁極同士の反ぱつ吸引，鋼板の振動，巻線の振動などの磁気騒音，その他機械的振動やしゅう動部の摩擦などによる機械騒音がある．

10 水車の特性

10・1 比速度

(1) 比速度 (specific speed) の定義

水車の比速度

水車の比速度とは図10・1に示すように，あるランナと幾何学的に相似なランナを仮定し，これを単位落差のもとで相似な状態で運転させて，単位出力を発生させるために必要な1分間当りの回転数をいう．水車のランナの形状はそのランナに適応する落差，水量，回転数によってさまざまではあるが，一般に幾何学的に相似的なランナは，その寸法の大小に無関係にほぼ同様な特性をもっているものと考えられる．

特有速度

比速度はかって**特有速度**とも呼ばれていたが，1960年にJEC-151（現在，JEC-4001）を改訂した際に比速度と改められたものである．特有速度の字句が工学書に出てくる場合があるが，比速度のことである．

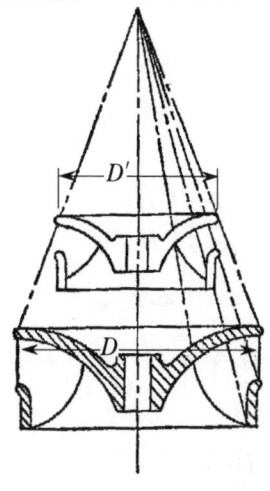

図10・1 相似水車

この比速度の説明のために，いま2個の相似形のランナA，Bを考え，表10・1のような条件で運転される場合を考えたときの回転数N_1とN_2の関係を求めることにす

	A	B
ランナ径	D_1 [m]	D_2 [m]
流量	Q_1 [m³/s]	Q_2 [m³/s]
周辺速度	v_1 [m/s]	v_2 [m/s]
回転数	N_1 [rpm]	N_2 [rpm]
有効落差	H_1 [m]	H_2 [m]
出力	P_1 [kW]	P_2 [kW]

表10・1 相似水車の運転条件

る．ただし以下の $k_1 \sim k_5$ は定数である．

$$v_1 = k_1\sqrt{2gH_1} = k_2 H_1^{1/2} \tag{10·1}$$

$$v_2 = k_1\sqrt{2gH_2} = k_2 H_2^{1/2} \tag{10·2}$$

(10·1)式と(10·2)式より

$$\frac{v_1}{v_2} = \frac{k_2 H_1^{1/2}}{k_2 H_2^{1/2}} = \left(\frac{H_1}{H_2}\right)^{1/2} \tag{10·3}$$

また流量は

$$Q_1 = k_3 v_1 D_1^2 \tag{10·4}$$

$$Q_2 = k_3 v_2 D_2^2 \tag{10·5}$$

(10·4)式と(10·5)式から

$$\frac{Q_1}{Q_2} = \frac{k_3 v_1 D_1^2}{k_3 v_2 D_2^2} = \left(\frac{v_1}{v_2}\right)\left(\frac{D_1}{D_2}\right)^2 \tag{10·6}$$

(10·6)式に(10·3)式を代入すると

$$\frac{Q_1}{Q_2} = \left(\frac{H_1}{H_2}\right)^{1/2} \cdot \left(\frac{D_1}{D_2}\right)^2 \tag{10·7}$$

次に出力は

$$P_1 = k_4 Q_1 H_1 \tag{10·8}$$

$$P_3 = k_4 Q_2 H_2 \tag{10·9}$$

(10·8)式と(10·9)式から

$$\frac{P_1}{P_2} = \frac{k_4 Q_1 H_1}{k_4 Q_2 H_2} = \left(\frac{Q_1}{Q_2}\right) \cdot \left(\frac{H_1}{H_2}\right) \tag{10·10}$$

(10·10)式に(10·7)式を代入すると

$$\frac{P_1}{P_2} = \left(\frac{H_1}{H_2}\right)^{1/2} \cdot \left(\frac{D_1}{D_2}\right)^2 \cdot \left(\frac{H_1}{H_2}\right)$$

$$= \left(\frac{H_1}{H_2}\right)^{3/2} \cdot \left(\frac{D_1}{D_2}\right)^2 \tag{10·11}$$

また回転数は

$$N_1 = k_5 \frac{v_1}{D_1} \tag{10·12}$$

$$N_2 = k_5 \frac{v_2}{D_2} \tag{10·13}$$

$$\frac{N_1}{N_2} = \frac{k_5 \dfrac{v_1}{D_1}}{k_5 \dfrac{v_2}{D_2}} = \left(\frac{v_1}{v_2}\right)\left(\frac{D_2}{D_1}\right) \tag{10·14}$$

(10·11)式より $\dfrac{D_1}{D_2}$ を求めると

$$\left(\frac{D_1}{D_2}\right)^2 = \left(\frac{P_1}{P_2}\right) \cdot \left(\frac{H_1}{H_2}\right)^{3/2}$$

$$\therefore \quad \frac{D_1}{D_2} = \left(\frac{P_1}{P_2}\right)^{1/2} \left(\frac{H_2}{H_1}\right)^{3/4} \tag{10・15}$$

また $\dfrac{v_1}{v_2}$ に (10・3) 式を用い，(10・15) 式とともに (10・14) 式に代入すると

$$\frac{N_1}{N_2} = \left(\frac{v_1}{v_2}\right)\left(\frac{D_2}{D_1}\right) = \left(\frac{v_1}{v_2}\right)\left(\frac{D_1}{D_2}\right)^{-1}$$

$$= \left(\frac{H_1}{H_2}\right)^{1/2} \cdot \left\{\left(\frac{P_1}{P_2}\right)^{1/2} \cdot \left(\frac{H_2}{H_1}\right)^{3/4}\right\}^{-1}$$

$$= \left(\frac{P_1}{P_2}\right)^{-1/2} \left(\frac{H_1}{H_2}\right)^{5/4} \tag{10・16}$$

いまBランナの方の $H_2 = 1\,\text{m}$，$P_2 = 1\,\text{kW}$ とすると比速度の定義により $N_2 = N_s$（比速度）となるので (10・16) 式にこれらの数量を入れると

$$\frac{N_1}{N_s} = P_1^{-1/2} \cdot H_1^{5/4}$$

$$\therefore \quad N_s = N_1 \times \frac{P^{1/2}}{H_1^{5/4}} \tag{10・17}$$

したがって一般には

$$N_s = N \times \frac{P^{1/2}}{H^{5/4}} \quad [\text{m-kW 単位}] \tag{10・18}$$

ただし P はランナ1個当り，またはノズル1個当りの出力をとり，複流形では2個のランナを背中合わせにしたものと考えて，ランナ1個当りの出力の 1/2 をとる．

比速度　　（2）各水車の比速度

フランシス水車　**フランシス水車**でランナ入口部の直径を D_1 [m]，出口部の直径を D_3 [m] とすると，比速度は (D_3/D_1) に比例する．したがって N_s の増加に伴って (D_3/D_1) を大としなければならない．このためには，

（1）ランナの幅を増す必要があり，乱流のために効率が低下する．

（2）吸出管も大きくする必要があるが，あまり大きくするとランナの外側の壁に沿う水の流れに無理ができ，流水が壁を離れることになって，軽負荷時の効率が著しく低下する．

したがってフランシス水車としては N_s に限度がある．このように N_s の大きい範囲ではプロペラ水車が用いられる．また一方 N_s が小さくなり，(D_3/D_1) が小さくなると，ランナの幅が小さくなるため水の水路が狭く，ランナと固定部との間の漏えいの割合が多くなり，また摩擦損失が大きくなる．このような範囲ではペルトン水車が用いられる．

正規速度形　フランシス水車では比速度が150近くで $D_3/D_1 = 1$ となる．D_3/D_1 が1に近いランナを**正規速度形**といい，それよりも比速度の小さいものを低速形，大きいものを高速形といい，図3・6に示したとおりである．今日の各種の水車の N_s 値は，およそ次の範囲にある．

10 水車の特性

$$
\begin{aligned}
&\text{ペルトン水車} &&10\sim28\,[\text{m-kW}] \\
&\text{フランシス水車} &&40\sim350\,[\text{m-kW}] \\
&\text{斜流水車} &&170\sim350\,[\text{m-kW}] \\
&\text{カプラン水車} &&250\sim800\,[\text{m-kW}]
\end{aligned}
$$

N_s は上記の範囲で中間の値をとれるが，このように N_s の値が限定される理由はフランシス水車の例でも述べたように，各水車ともこの範囲を出ると，ランナの形状に無理が起こり，設計ならびに製作が困難になるためである．

一般に与えられた落差に対して，N_s をなるべく大きくとる方がランナの直径を小さくでき，特に発電機重量が小で廉価となるため有利である．しかし同じ落差に対してあまり高い N_s ランナを採用すると，水車効率を低くするばかりでなく，ランナにキャビテーションを起して羽根を腐食させたり，吸出管に雑音や振動を起して運転状態を悪くする．このため経験にもとづいて落差 H に対して次のような N_s との関係式が示されている．

ペルトン水車　(1) **ペルトン水車**　ペルトン水車では N_s があまり水車性能に影響を及ぼさず，また元来回転数の高い水車であるため，あまり回転数を高くするとかえって強度的に製作が難しく，この点から制限がでてくる．すなわち次式で示される．

$$12 \leq N_s \leq 23 \tag{10・19}$$

フランシス水車　(2) **フランシス水車**

$$N_s \leq \frac{20\,000}{H+20} + 30 \;[\text{m-kW}] \tag{10・20}$$

斜流水車　(3) **斜流水車**

$$N_s \leq \frac{20\,000}{H+20} + 40 \;[\text{m-kW}] \tag{10・21}$$

プロペラ水車　(4) **プロペラ水車**（カプラン）

$$N_s \leq \frac{20\,000}{H+20} + 50 \;[\text{m-kW}] \tag{10・22}$$

これらの関係を図 10・2 に示す．

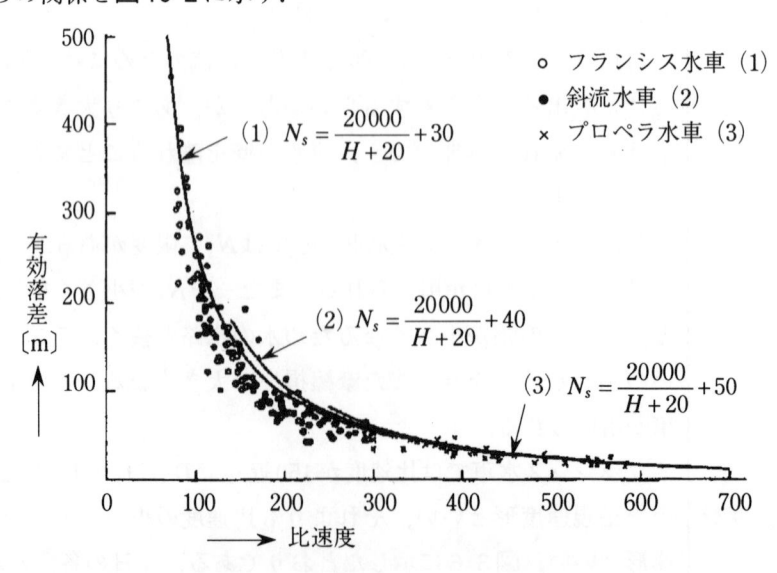

図 10・2　有効落差と比速度との関係

しかしこれらはすべて経験式であって，製作技術の進歩とともにこの限界よりしだいに大きくなって行く傾向にある．特にカプラン水車では最近の実例をとってみても，この式よりも若干大きい値のものが採用されている．

このN_sの式に対して，JEC-4001(1992)では上記の各式に対して次のような式が推奨されている．

ペルトン水車　(1) ペルトン水車

$$N_s \leq \frac{4\,300}{H+195}+13 \text{ [m-kW]} \tag{10・23}$$

フランシス水車　(2) フランシス水車

$$N_s \leq \frac{21\,000}{H+25}+35 \text{ [m-kW]} \tag{10・24}$$

斜流水車　(3) 斜流水車

$$N_s \leq \frac{20\,000}{H+20}+40 \text{ [m-kW]} \tag{10・21'}$$

プロペラ水車　(4) プロペラ水車（カプラン）

$$N_s \leq \frac{21\,000}{H+17}+35 \text{ [m-kW]} \tag{10・25}$$

この式によると，ペルトン水車は大差がなく，フランシス水車では高落差でわずかに大きく，低落差ではわずかに小さい値になるが，その差は数％以下である．また斜流水車は同じ式であるが，プロペラ水車では低落差に対しては大きい値になり10％近くの差になるが，本質的に今までの式を使用しても大きい問題とはならない．要するにこれらの式は既述のようにすべて経験式であるので，技術の進歩によってその限界は大きくなるものである．

また統計的研究の結果，フランシス水車に対しては，$N_s = 1600/\sqrt{H}$なる式が提案されているが，これはHが250 m以上で(10・20)式にほぼ近い値を示す．

なお水車を比速度の順に配列すると図10・3のようになる．

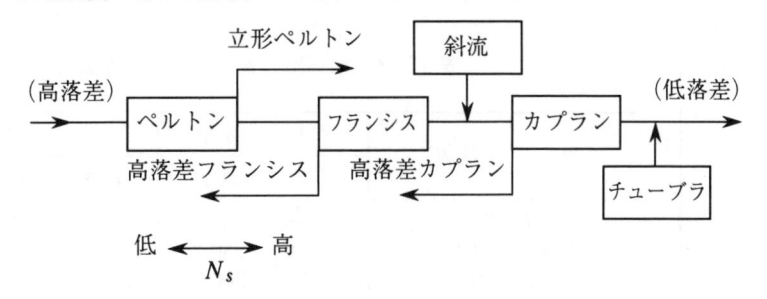

図10・3　落差と比速度

10・2　回転数の決定法

回転数　水車および発電機の**回転数**は，できるだけ大きく選ぶと水車および発電機の形態が小となり，所要資材が減り価格も安くなる．また高速度の発電機は効率も高くなるとともに，発電所建屋も小さくなって建設費を低減できる．

10 水車の特性

しかしこれには機械の設計製作上および強度，キャビテーションなどの点からある限度がある．したがって水車および発電機にとって最も経済的であるような回転数を選ぶ必要があるが，落差，使用流量，水車の種類，形式，効率，系統の周波数なども考慮する必要がある．

回転数の決定　　**回転数の決定**に対してはこのような付帯条件があるけれども一般的に回転数を決定する順序としては，落差による限界式 $(10\cdot 19 \sim 10\cdot 22)$ 式あるいは $(10\cdot 23 \sim 10\cdot 25)$ 式からまず N_s を求め，次に $(10\cdot 18)$ 式より回転数を逆算して決定する．しかし直結される同期発電機は磁極数と系統周波数の関係で任意の回転数をとるわけにはいかず，次式を満足するものでなければならない．

$$N = 120 f/p \,[\mathrm{rpm}] \tag{10·26}$$

ただし，N：回転数　f：周波数(50または60Hz)　p：磁極数(偶数)

これを表にすると**表10·2**のようになる．

したがって $(10\cdot 18)$ 式より算出された N より低くて，それに最も近い回転数を**表10·2**より選び，ふたたびこれを $(10\cdot 19) \sim (10\cdot 21)$ 式あるいは $(10\cdot 23) \sim (10\cdot 25)$ の関係式から選んだ限界値より小であるか否かを確かめて決定すればよい．また各水車の出力と採用可能回転数〔rpm〕の関係を**表10·3**に示す．

表10·2　磁極と周波数と回転数の関係

磁極数	60〔Hz〕	50〔Hz〕	磁極数	60〔Hz〕	50〔Hz〕
6	1 200〔rpm〕	1 000〔rpm〕	32	225〔rpm〕	187.5〔rpm〕
8	900	750	36	200	166.7
10	720	600	40	180	150
12	600	500	48	150	125
(14)	(514.3)	(428.6)	56	128.5	107
16	450	375	64	112.5	93.8
(18)	(400)	(333.3)	72	100	83.3
20	360	300	80	90	75
22	327.3	272.7	88	82	68.2
28	257.1	214.3			

〔注〕（　）内はなるべく採用しないことになっている．

表10·3　水車出力と採用可能回転数〔rpm〕の関係

出　力〔kW〕	ペルトン水車 最大　　最小	フランシス水車 最大　　最小	プロペラ水車 最大　　最小
30 000以上	500 ～ 250	500 ～ 120	200 ～ 75
10 000 ～ 30 000	500 ～ 250	600 ～ 150	300 ～ 100
2 000 ～ 10 000	600 ～ 300	750 ～ 200	450 ～ 150
750 ～ 2 000	750 ～ 400	900 ～ 300	600 ～ 200
300 ～ 750	900 ～ 500	1 000 ～ 400	750 ～ 300
300以下	1 000 ～ 600	1 200 ～ 500	1 000 ～ 300

〔例題1〕

有効落差180 m，使用水量20 m³/sのフランシス水車1台を設置する場合の，水車の定格回転速度〔rpm〕および発電機出力〔kW〕を求めよ．

ただし，水車の効率は90％，発電機の効率は98％，周波数は60Hz，フランシス水車の上限限界比速度 n〔m・kW〕は次の式とする．

$$n_s = \frac{21000}{(\text{有効落差}+25)} + 35$$

〔解答〕 水車の定格回転速度 n を求めるため，水車出力 P_t を求めることにする．有効落差を H [m]，水車水量を Q [m³/s]，水車効率を η_t，発電機効率を η_g とすると，

$$P_t = 9.8QH\eta_t = 9.8 \times 20 \times 18 \times 0.9$$
$$= 331752 \text{ kW}$$

n_s を与えられた式（JEC-4001による）によって計算すると

$$\therefore n_s = \frac{21000}{(H+25)} + 35 = \frac{21000}{(180+25)} + 35$$
$$= 137.44 \text{ m}\cdot\text{kW}$$

したがって n は

$$n = n_s \times \frac{H^{\frac{5}{4}}}{P^{\frac{1}{2}}} = 137.44 \times \frac{180^{\frac{5}{4}}}{31752^{\frac{1}{2}}}$$
$$= 508 \text{ rpm}$$

極数を p，周波数を f とすると

$$p = \frac{120f}{n} = \frac{120 \times 60}{508} = 14.2$$

極数は偶数でなければならないから，14極または16極のどちらかになるが，

$$n_{14} = \frac{120 \times 60}{14} = 514 \text{ rpm}$$

$$n_{16} = \frac{120 \times 60}{16} = 450 \text{ rpm}$$

これに対する n_s は

$$n_{s(14)} = 514 \times \left(\frac{178.2}{659.3}\right) = 138.9 > 137.44$$

$$n_{s(16)} = 450 \times \left(\frac{178.2}{659.3}\right) = 121.6 < 137.44$$

したがって $n_s = 137.44$ より小さい16極の $n = 450$ rpm を選定する．

次に発電機出力 P_g は

$$P_g = 9.8QH\eta_t\eta_g = 9.8 \times 20 \times 180 \times 0.9 \times 0.98$$
$$= 31117 \approx 31200 \text{ kW}$$

〔参考〕 JEC-4001では各水車の N_s は，(10·23)～(10·25)式で示されているが，この式によるものを表11·1に併記することにする．

10·3 効 率

(1) **各水車の効率 (efficiency) 曲線**

各水車はそれぞれ流入する水量の調節を行うことによって，出力の変化を行わせる．すなわちペルトン水車ではニードル弁の前後進をさせ，フランシス水車では案

10 水車の特性

内羽根の開度の変化により，またカプラン水車では案内羽根の開度と連動的に調整軸により羽根を動かすことによって，この目的を達する．

定格流量 水車は一般にこれに働く最大流量の3/4または7/8の流力を**定格流量**とし，このと
定格出力 きの出力を**定格出力**としている．水車はこの定格出力で最大効率となるように設計される．

現今実用されている水車の効率は小容量のもので70〜75％，大容量のものでは90％以上の値を有するが，水車の出力と効率の関係は水車の種類によって，その傾向が相違する．図10・4はこれを示す．

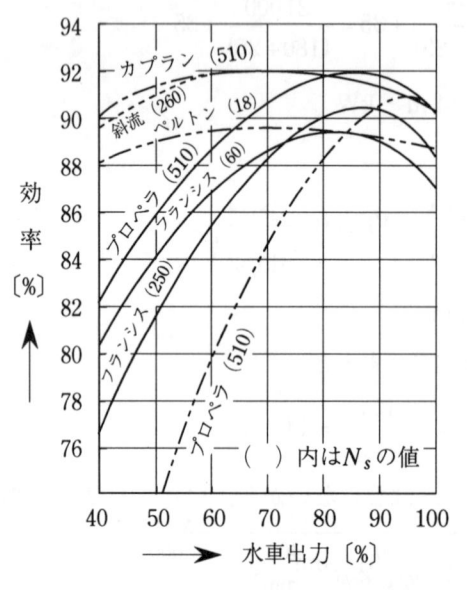

図10・4 水車形式と効率

水車の効率曲線 これからわかるように**水車の効率曲線**の特徴としては，

(1) ペルトン水車はフランシス水車に比べて部分負荷における効率がよい．

(2) プロペラ水車は部分負荷においては，その効率は低いが，カプラン水車や斜流水車ではこの点が除かれる．

このような特徴の現れる理由は，ペルトン水車では流量が変化しても噴射水の方向が変わらないため，諸損失の増加はあまり大きくないが，フランシス水車では水の流入方向が変わるため部分負荷における諸損失の増加がはなはだしいからである．

またプロペラ水車では固定羽根のものは負荷の変動に対して，水の流入方向が一定であるため部分負荷に対して諸損失の増加も多いが，可動羽根であるカプラン水車や斜流水車では，流量の変化に対して流入方向も代わり，羽根が自動的に傾斜して理論的に流入方向に適応するため諸損失が少ない．

(2) 比速度と効率

水車の効率 比速度N_sの大小によって，**水車の効率**は非常に異なる．また同じ形式の水車であっても容量によってその効率が相違する．図10・5はこれを示す．これによるとペルトン水車ではN_sが10〜15程度のとき最高効率を示し，N_sがこれより大きくても，小さくても水車の効率は低下する．

フランシス水車ではN_sが150付近であり，プロペラ水車では400付近である．

また各水車とも容量の大きいものが，最高効率の値は大きい．

(3) 回転数と出力・効率の関係

反動水車 **反動水車**は同一落差・同一水口開度において，水車の回転数を上げていくと，出力はしだいに増加するが，ある値を過ぎると低下し，ふたたび零になる．このとき

の出力・効率の変化の一例を図10·6に示す．この図において，出力曲線が再び横軸と交わる点を次に述べる**無拘束速度**といっている．

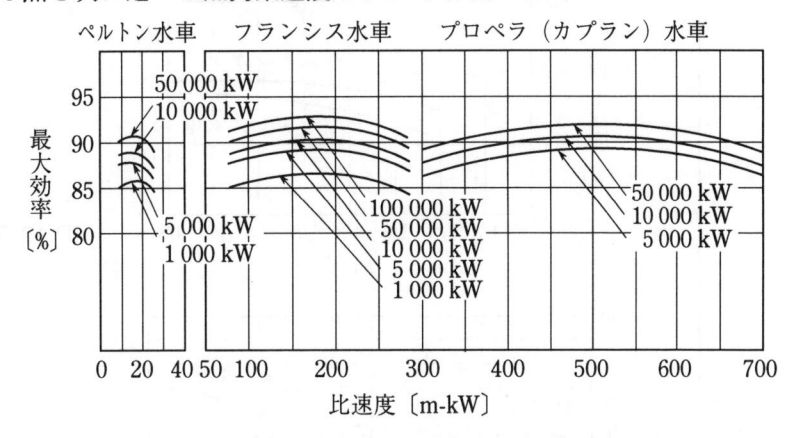

図10·5 比速度および容量と水車効果

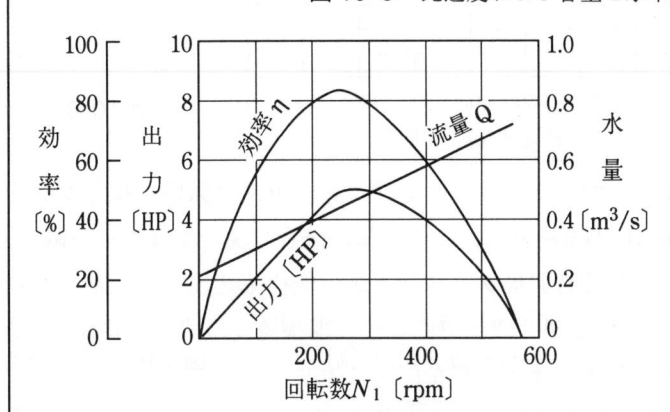

図10·6 回転数対出力，効率，流量曲線

ペルトン水車では，ノズル出口圧力が大気圧に等しいため，回転速度が変わっても流量は一定である．

10·4 無拘束速度

水車の案内羽根またはニードル弁の開度を一定として回転数を上昇すると，出力と効率はしだいに増加し，ある最大値を通過すると低下し始め，零点に到達する．

これは水車の負荷が突然零となった場合でも，回転数は無制限に上昇するものでないことを意味するもので，このときの水車の回転数はある値で最高となる．この到達する速度の上昇点を前述のように**無拘束速度**(run away speed)といい，このときの水車は，水車および発電機の回転数による機械的損失だけを供給していることになる．この値は水車によって異なり，およそ次のような数値である．

  ペルトン水車   定格回転数の150～200 %
  フランシス水車   定格回転数の160～220 %
  斜流水車   定格回転数の180～230 %
  プロペラ水車   定格回転数の200～250 %
  カプラン水車   定格回転数の220～320 %

無拘束速度は水口の開度および比速度，あるいは落差の変動などの影響をうけ，比速度の大きいほどこの値は大きい．これらの関係の一例を図10·7および図10·8

に示す.

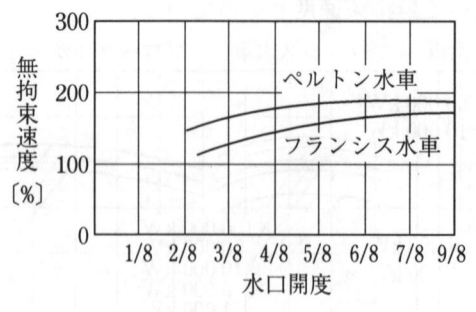

図10・7 無拘束速度と水口開度との関係

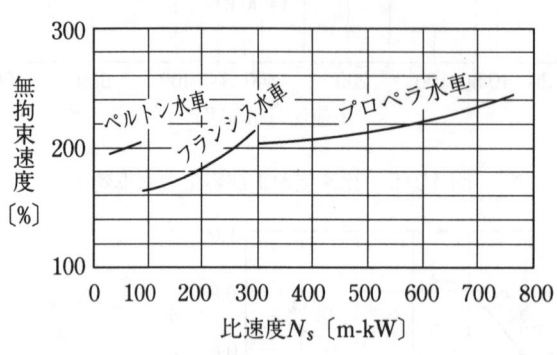

図10・8 無拘束速度と比速度との関係

この図からもわかるように,カプラン水車では案内羽根とランナ羽根とは予定された相関関係にある場合と,この関係が破れた場合では,その値が相違する.

_{低無拘束速度} 普通,後者を可動羽根プロペラ水車の無拘束速度とし,前者を**低無拘束速度**と呼び低無拘束速度は220％以内であるが,羽根角度の関連の破れたときの無拘束速度は250〜270％に達し,案内羽根全開時に生じる.

水車および発電機の回転部分の強度は万一の場合を考慮して,その水車の到達しうる無拘束速度で,1分間以上運転しても,そのときの遠心力に十分安全であるように設計される.もしも強度が不足すると遠心力によって,発電機の磁極またはペルトン水車のバケットなどを飛散させる現象が予想される.

またランナに働く遠心力はその速度の2乗に比例するから,ランナの輻鉄・回転界磁形の界磁と継鉄との取付け部,回転電機子形ではバインド線に大きな機械力が作用する.

しかし今日の進歩した確実な調速機は種々の自動制御装置をもっていて,最悪の事故発生に対しても危険防止の保護装置が設けられているから,運転中に水車が過速して無拘束速度になることはまれである.

また使用落差Hが,基準落差H_0よりも高い場合,無拘束速度は$(H/H_0)^{1/2}$に比例して増加するため,基準落差をあまり低く選ぶと,発電機の機械的強度の大きいものを要求することになる.したがって基準落差の決定に当たっては検討を要する.

10・5 落差変動に対する特性

水路式発電所や高落差発電所では,有効落差の変化による影響は比較的小であるが,ダム式発電所,とくに落差の低い場合には落差の変化が水車の特性に大きい影響を及ぼす.

10・5 落差変動に対する特性

落差変動　この**落差変動**に対する水車の特性を考えてみると，まず効率についてであるが，いま水の流速をv〔m/s〕，ηを効率（一定と考える）とし，Hを有効落差〔m〕，$C_1 \sim C_3$を係数とすると

$$Q = C_1 v \quad v = C_2\sqrt{2gH} \quad P = 9.8QH\eta$$

$$\therefore P = 9.8 C_1 C_2 \eta H \sqrt{2gH} = C_3 H^{3/2} \tag{10・26}$$

すなわち出力は落差の3/2乗に比例することがわかる．したがっていまH_1における回転数をN_1〔rpm〕，使用流量をQ_1〔m³/s〕，出力をP_1〔kW〕とし，H_2におけるそれぞれをN_2, Q_2, P_2とすれば

$$\frac{H_1}{H_2} = \left(\frac{N_1}{N_2}\right)^2 \tag{10・27}$$

$$\frac{Q_1}{Q_2} = \left(\frac{H_1}{H_2}\right)^{1/2} = \frac{N_1}{N_2} \tag{10・28}$$

$$\frac{P_1}{P_2} = \left(\frac{H_1}{H_2}\right)^{3/2} \tag{10・29}$$

となる．以上の3式より変落差時の水車の特性を求めることができる．たとえば落差の変化は回転数の2乗に比例するから，変落差時の特性はその落差の1/2乗の変化に相当する点を求めればよい．

　また効率および出力について考えてみると，水車は常に一定速度で運転されるが，いま速度を一定として水口開度を一定に保って落差を変えると，出力は落差の3/2乗に比例して増減するはずであるが，実際は落差の変化とともに効率も変化する．これは水車の形式やN_sの値でそれぞれ異なる傾向をもっている．したがって正確にいえば出力は$(\eta \times H^{3/2})$に比例して増減することになる．この場合，落差が低くなる時の方が，高くなるときよりも効率低下は著しい．図10・9はこれを示す．

　高落差の水力地点では一般に季節的に水量が変っても落差はあまり変らないし，もし変ったとしても，その割合は小さい．これに対して低落差の場合は落差変動が問題になる．しかし効率低下は前述のようにN_sの大小で異なり，N_sの小さいものは比較的効率は低下しないが，N_sの大きいものは著しく効率が低下する．したがって基準落差の選び方は10・3の無拘束速度の関係もさることならが，運転効率にも大きい影響を与えることになる．

基準落差　すなわち効率の点だけについて考えると，**基準落差**は年間あるいは渇水期発電電力量が最大となるように選ぶのがよいことになる．

　しかし出力そのものは落差が増せば一応増加するため，最高落差時の出力を対象として発電所の諸設備の容量を決定すると，低落差時には利用率が低下して都合が悪い．そのためある落差以上では案内羽根の開度を制限して水車・発電機の出力をおさえ，経済的であるような定め方をする．図10・10はフランシス水車とカプラン水車の落差変動に対する効率変化の一例を示す．

　落差の変動が大きくて，効率低下の著しい場合にはフランシス水車を使用している発電所では既述した軽負荷ランナを用意しておいて，落差に応じて取替えて使用することがある．

10 水車の特性

カプラン水車では落差の変動に応じ，カムを調節して羽根の角度を最適にすれば効率低下を防ぐことができる．

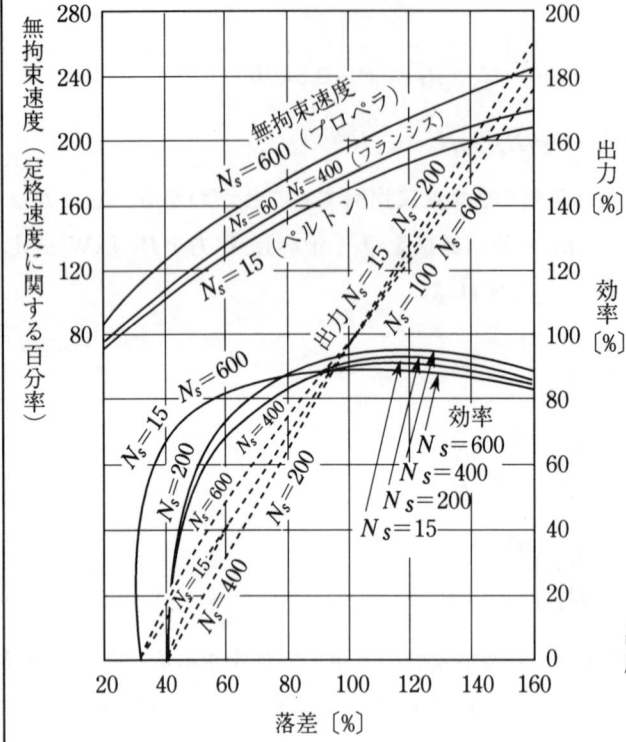

図 10・9 落差変動の影響

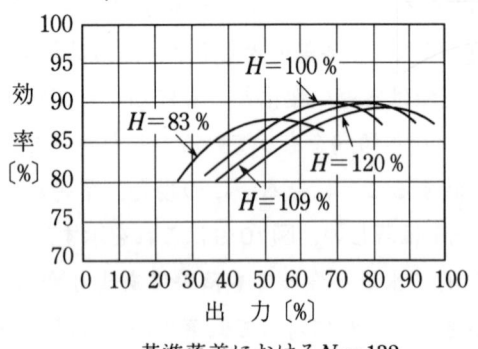

図 10・10 落差が変化する水車の効率の例
(a) フランシス水車　基準落差における $N_s=132$
(b) カプラン水車　基準落差における $N_s=523$

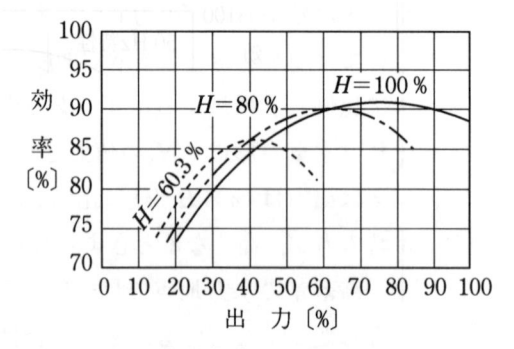

10・6 水車の異周波運転特性

周波数が変化することは回転数の変わる場合の特別な場合であって，回転数に関係ある式から種々の特性の変化を考察することができる．

わが国の周波数は 50 Hz と 60 Hz であるが，両周波数の境界付近に位置する発電所（主として中部地方）では，両地帯間の電力融通の関係で，50 Hz または 60 Hz で運転する場合がある．

水車の周波数変化に対する特性に関する考え方としては，50 Hz または 60 Hz に設計された水車を他の周波数で運転する場合と，水車を最初から 54 Hz，56 Hz 程度に

10・6　水車の異周波運転特性

設計しておいて，運転時の送電系統によって50Hzまたは60Hzに使用する場合がある．

(1) 周波数変更に対して運転上考慮すべき事項

運転上考慮すべき点は，水車効率，調速機のスピーダ調整の変更，無拘束速度に対する機械的強度，振動，キャビテーション，圧油，潤滑油，排水ポンプなどの機能，速度変動率，周波数の切換作業の所要時間の短縮などである．

(2) 50Hzの水車を60Hzに使用する場合

50Hzに設計された水車を60Hzに，すなわち20％過速度で運転する場合を考えると，水車の種類，ランナの比速度の大小によって異なるので一概にはいえないが，一般に効率は数〔%〕低下する．

ペルトン水車　ペルトン水車では効率低下が負荷の大小にかかわらず大体一定であるが，ごく軽負荷になると効率低下はやや大きい．

フランシス水車　フランシス水車では図10・11の例のような結果となり，最大出力時で2～6%，50％負荷で6～9%の効率低下をきたす．しかし軽負荷になるにしたがって，低下の割合がしだいに大となる．また60Hzのときの最高効率の点は50Hzのときのそれよりも10%くらい高負荷の点になる．水量はN_sが小さいものでは，一般に減少するが，N_sの大きいものはやや増加する．しかし効率低下と水量増加との関係で，最大出力としてはそれほど大きい変化はない．

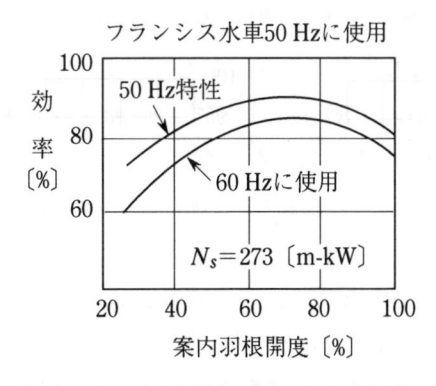

図10・11　周波数変更特性

プロペラ水車　プロペラ水車の場合は図10・12の例のように，軽負荷時の効率低下ははなはだしく，50％負荷では15%程度の低下を示す．水量は10～20%増加し，同一案内羽根開度では大体出力は増加する．

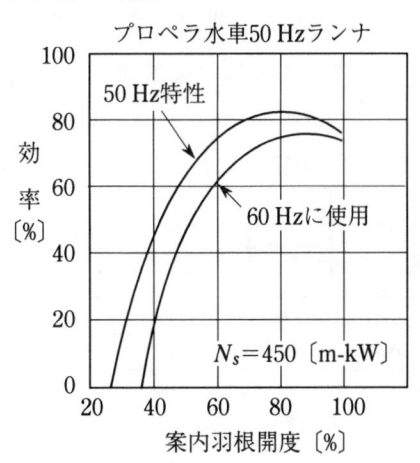

図10・12　周波数変更特性

カプラン水車　カプラン水車では最高効率低下も2～4%程度で，軽負荷時でも5～7%程度である．水量は7～15%程度の増加であるが，出力としては10%くらい増加することがある．

10 水車の特性

次に各水車において回転数の絶対値は20％大きいので，全負荷遮断の際の最大上昇回転数もまた50Hzのときよりは大となる．しかしランナを取換えない限り，その水車の無拘束速度は従前と変化なく，たとえ常時20％高速度で運転しても逸走した場合の機械的強度は心配にならない．ただ効率低下を改善するため，ランナを取変えて60Hz用設計のものを使って発電機を従前のまま運転すると無拘束速度が20％過大となり，遠心力は$(1.2)^2 = 1.44$倍となって発電機の回転子，とくに磁極の取付点の強度が耐えなくなるおそれがあるから十分検討し，必要に応じて補強する必要がある．

また60Hz用ランナに取り換えても発電機の強度が耐えないとき，または振動およびキャビテーション防止のため，もとの回転数に近い速度で運転の必要あるときは発電機の極数を20％増して，発電機を60Hz用に改造または取替えをせねばならない．

次に水車をそのまま20％高速度で運転したときは，軸受の軸の周速度が20％増だけ増加し軸受温度が上昇するから過熱に注意を要する．また機械的振動，キャビテーションはいずれも回転数の上昇につれて増大するのが普通であるから注意を要する．とくにカプラン水車においてはキャビテーションが最も現れやすいから試験する必要がある．

(3) 60Hzの水車を50Hzに使用する場合

ペルトン水車　ペルトン水車ではバケットピッチサークルの周辺速度が規定の5/6となるから，理論上入力の1/6が損失となる．この対策としてバケットピッチサークルを拡大して周辺速度を噴射水速度の1/2，50Hzに適応する回転速度にするとともに，ノズル取付角度を変更する改造を行わなければならない．

フランシス水車　フランシス水車ではランナ入口および出口における速度線図から判断できるように流水方向が不合理となり，効率は若干低下する．すなわち50Hzで運転する場合の一例は図10·13のごとくであって，この場合は最高効率はほとんど低下しない．部分負荷のときはかえって上昇するが，出力は回転数が20％低下するため水量が減少して最大出力は著しく不足する．またキャビテーションの発生・腐食および摩耗の増加・寿命の短縮などが起るようになる．しかし回転速度が減少するため機械的不平衡にもとずく振動は減少し，軽負荷時の効率がやや上昇する傾向のものもある．これに対してケーシング，案内羽根，吸出管までの改造は困難であるので，ランナのみ50Hz用と取り換えて使用すればほぼ従来通りの効率・出力が得られるようになる．

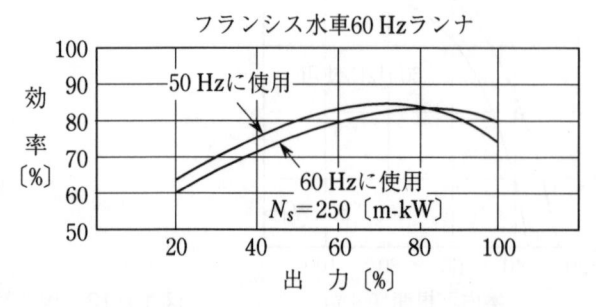

図10·13　周波数変更特性

カプラン水車　カプラン水車もフランシス水車とほぼ同様に特性は低下するが，羽根傾斜角を調整すればある程度の改善ができる．しかし根本的にはランナを取り換えなければな

10・6 水車の異周波運転特性

らない．速度変動率は，はずみ車効果，調速機不動時間，水口閉鎖時間に変化がないものとすれば回転速度の2乗に反比例するから，回転速度の減少により増大する．この速度変動率の値は発電機の特性をも考慮して差支えない程度であるか否かを検討しなければならない．

次に軸および接手の強度については，水車の最大出力に変化がないものとすれば，回転速度が5/6になればトルクは6/5となり，軸および接手に作用する捩りモーメントは増加することになるため一応検討してみる必要がある．

両周波数用水車

(4) 両周波数用水車

両周波数用水車のランナは切換による水車効率の低下の影響を可能な限り少なくするため切替時期と運転時間を考慮してその効率特性が定められる．たとえば運転時間が50 Hz，60 Hz同一の割合であれば55 Hz設計のランナを使用するとか，あるいは運転時間の多い方の周波数に片寄せて設計されたランナを使うなどである．また両周波数用水車の速度変動率またははずみ車効果は55 Hz運転の場合によっておさえられる．60 Hz運転時の場合，速度変動率は50 Hz運転のときのそれの70％程度である．

(5) 水車付属装置の異周波数運転に対する考慮

調速機のスピーダの調整範囲は使用周波数に対して約15％くらいであるが，周波数変更によって回転数が約20％の変化があるため，これの駆動装置の取換えを必要とする．これに長時間を要すると損失電力量も大きくなり好ましくない．したがってこれに対しては最近種々の改善がなされ，簡単に切換え操作が可能となっている．また圧油，潤滑油，排水用ポンプなどは交流電動機が使用されるため，回転数の変化による容量不足のないよう十分な容量のものを設備することが多い．

11 水車の選定

11・1 各水車の特長

発電所の設計にあたって，いかなる水車を採用すべきかに対しては，各水車の長所・短所をあらかじめ知っておく必要がある．

ペルトン水車　　(1) ペルトン水車

(1) N_sが低くて250m以上の高落差に適する．
(2) ランナのまわりの水は圧力をもたないのでシールの問題がない．
(3) 摩耗部分の取換えが比較的楽である．
(4) 効率特性が出力に対して平坦であるので，負荷変動に対して有利である．
(5) ノズル数の多いものは負荷に応じて使用ノズル数を自動的に変えて高効率運転を行うことができる．
(6) デフレクタによって噴射水を車外に外らせることができるため水圧上昇は15％程度で，フランシス水車の30％に比べて小さい．
(7) ジェットノズルの採用によってランナを急停止できる．

また横軸形に比べて立軸形は一輪あたりの射数を多くとれるので，次のような利点があり，主として大容量機に適する．すなわち

(8) 入口弁が1個でよく，水圧鉄管の分岐が不要である．
(9) すえ付面積が小さい．
(10) ランナの数が1個でよいので風損が少ない．
(11) ランナの点検取出しが容易である．

フランシス水車　　(2) フランシス水車

(1) 適用落差は50～500mのように広範囲であるため利用しやすい．
(2) 構造が簡単で価格が安い．
(3) 吸出管をもっているから，排棄損を少なくすることができる．
(4) 高落差領域でペルトン水車と比較した場合，同一使用でN_sが高くとれるので，高速小形となり経済的である．
(5) 低落差領域では一般にはカプラン水車の方が有利であるが，落差および負荷変動のないへき地の発電所では保守が容易であるため，フランシス水車が有利な場合もある．

プロペラ水車　　(3) プロペラ水車

(1) N_sが高く80m以下の低落差地点に適する．（カプランは10～80m程度に適する）
(2) 羽根が分解できるので輸送および加工に便利である．

11・1 各水車の特長

(3) カプラン水車は部分負荷でも効率の低下が少ないので，変落差・変負荷の発電所に対して有利である．

(4) 固定羽根プロペラ水車は，構造が簡単で安価であるので，落差・負荷が一定の場合もしくは台数の多い発電所のベースロード用として採用すると経済的である．

(5) プロペラ水車のうちチューブラ水車は効率が高く，堀さくが少なくてすみ，土木費が安いので15m以下のような低落差に対して有利である．

(4) 斜流水車

(1) N_s 200前後の領域，すなわち40〜180mの領域に適する．高落差カプラン水車より効率がよい．

(2) 可動羽根であるため，カプラン水車と同様の平坦な効率特性をもち，変落差・変負荷に対してすぐれている．**表11・1**は各水車の主要項目に対する比較を示す．

表11・1 各水車の比較

水車種類	ペルトン	フランシス	斜流	プロペラ（カプランを含む）
適用落差および場所	高落差小流量で土砂や酸性の水を使用するため手入を数多く必要とするところ 250m以上（150m）	中落差 底面積少なく吸出し高さの利用ができる 50〜500m	40〜180m	低落差 80m以下 大流量 10m³/s以上
構造・作用	ノズルからの水は全部速度水頭に変わり，羽根車に作用して半径に直角方向に衝動を与えて回転させる．	水圧管からの水は案内羽根から羽根車に送られ羽根車内で圧力水頭は速度水頭に変えられる．	同上 羽根は可動	船の推進器のような水車に圧力水頭の大きい水をあて速度水頭に変える．
比速度 $N_s = \dfrac{NP^{1/2}}{H^{5/4}}$	$12 \leq N_s \leq 23$ $\left(\dfrac{4300}{H+195}+13\right)$	$\dfrac{20000}{H+20}+30$ $\left(\dfrac{21000}{H+25}+35\right)$	$\dfrac{20000}{H+20}+40$	$\dfrac{20000}{H+20}+50$ $\left(\dfrac{21000}{H+17}+35\right)$
N_sの概数	10〜28 (15〜25)	40〜350 (70〜350)	170〜350 (140〜350)	250〜800 (250〜980)
無拘束速度	150〜200%	160〜220%	180〜230%	200〜250%
流量調節	ニードルで噴射断面を変える	案内羽根開度による	同左	同左
速度上昇水圧上昇対策	デフレクタ（全負荷遮断時でも水圧上昇率10〜20%） 小容量制圧ノズルおよびバックウォータブレーキ	調速機 水圧調整機 （制圧機）	同左	同左 ただし低落差では省略することがある．
最近の傾向	立軸ペルトン，フランシス水車の領域に進出 ノズルの切換えによる高効率運転	ペルトン域への進出	中落差フランシス，高落差カプラン域への進出．可動羽根のため部分負荷でも効率が高い．	チューブラ水車，中落差，超低落差への進出 変落差用として採用される．

※1.（ ）内の式はJEC-4001による
※2.（ ）N_sの概数値の（ ）内数字は※1による概算値
※3. 適用落差でペルトンの（ ）内は小流量の場合，この値のものもある．

11・2　水車の形式

水車の形式　水車の形式は水車の出力と落差によって大体決定することができる．すなわちペルトン水車では高落差で流量が比較的小さいとき，フランシス水車は中落差で流量が比較的大きいとき，またプロペラ水車は低落差で特に流量の大きいときに採用される．

有効落差
比速度
回転数
　　すなわち発電所に使用する水車を選定するには，まず**有効落差**との関係を考えなければならない．発電地点の出力と有効落差が決定されると**比速度**を求めることができるので，これによって**回転数**Nも求めることができる．

　しかし水車の回転数を高くとると，発電機の形も小さくなり効率がよくなり，小形機器採用の結果建屋も小となって経済的である．したがってできるだけ高い比速度の水車を採用して実際の回転数を高めるのがよいことになる．

　このようにして発電所に適当した水車がN_sの点から選定できることになる．しか

変落差発電所　し**変落差発電所**では，最高落差のほかに各落差に対しても，比速度が限界以内になることが必要である．またN_sがペルトン，フランシス，プロペラの各種水車のそれぞれの適用範囲にあれば，すぐ形式の選定ができるが，この落差が2種の水車に対して同時に適用範囲を満足するとき，すなわち落差が300 m付近と，80～30 m付近である場合は，水車の形式選定に特に注意を要する．

　最近の傾向としては機械の回転数を早くして，発電機の価格を安くするため，カプラン水車がフランシス水車の領域に，またフランシス水車がペルトン水車の領域に進出しつつある．また立軸ペルトン水車の採用によって，ランナ1個当りのノズル数が増し，回転数を上げてフランシス水車の領域に進出しつつある．

　このような場合には，次のような諸点を考慮する必要がある．

高落差境界　（1）**高落差境界におけるフランシスまたはペルトンの選定にあたり考慮すべき事項**

　（1）部分負荷で運転する時間が多い場合は，軽負荷時の効率のよいペルトン水車が有利である．とくに多ノズル方式によれば，使用ノズルの本数選定により部分負荷の効率をさらに向上できる．

　（2）水圧管のこう配が比較的ゆるやかで，長さが長いときは，水圧上昇率が大きくなるため，負荷遮断時の上昇率の少ないペルトン水車を採用するのがよい．こうすれば水圧管も経済的となる．

　（3）発電所地点の洪水位が高いときはフランシス水車が有利である．

　（4）N_sはフランシス水車の方が高くとれるから，回転数も高くなり，発電機価格を減ずることができる．

　（5）水質の悪い河川では摩耗浸食に対する保守の容易な点でペルトン水車が有利である．

　（6）交通不便な地点にはペルトン水車が有利である．

低落差境界　（2）**低落差境界におけるフランシスまたはカプランの選定に当り考慮すべき事項**

11・2 水車の形式

(1) 負荷・落差の変動の大きい場合や水車台数の少ないときは，カプラン水車は案内羽根開度に連動してランナ羽根角度を最適の位置に変化できて，部分負荷に対しても高効率であるため，カプラン水車が有利である．

(2) カプラン水車は構造が複雑でランナボス内部に特殊の潤滑油を必要とし，保守が不便である．

(3) カプラン水車の方がN_sを大きくとれるので，回転数を高く採用できて有利であるが，水車に特殊材料を要し，製作日数も長いので総体的には簡単にどちらが有利であるか結論づけしにくい．

(4) キャビテーションの点については，一般的にカプラン水車の方が吸出高を小さくせねばならないため，水車すえ付けレベルを低くするため堀さくの点では土木工事費が大きくなって不利である．

図11・1は水車出力と有効落差により，また図11・2は流量と落差により，水車形式を選ぶための図である．しかしこの図でわかるように3種類の形式の境界は判然としているわけではなく，その境界付近ではいずれの形式でも選びうるが，これについては前述とおりである．また表11・2は水車形式による経済性に対する検討の例を示す．

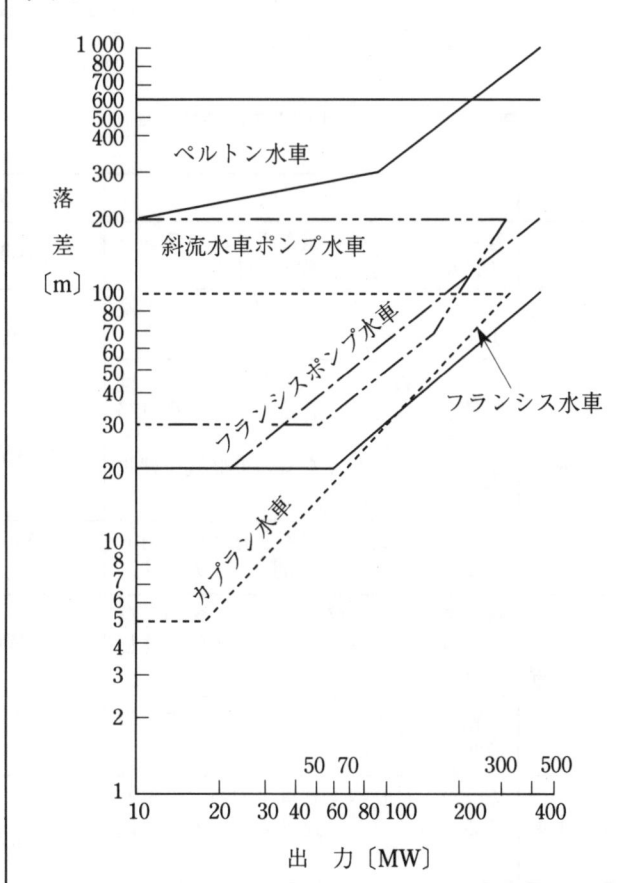

図11・1 水車形式選定図 (1)

11 水車の選定

図 11・2 水車形式選定図 (2)

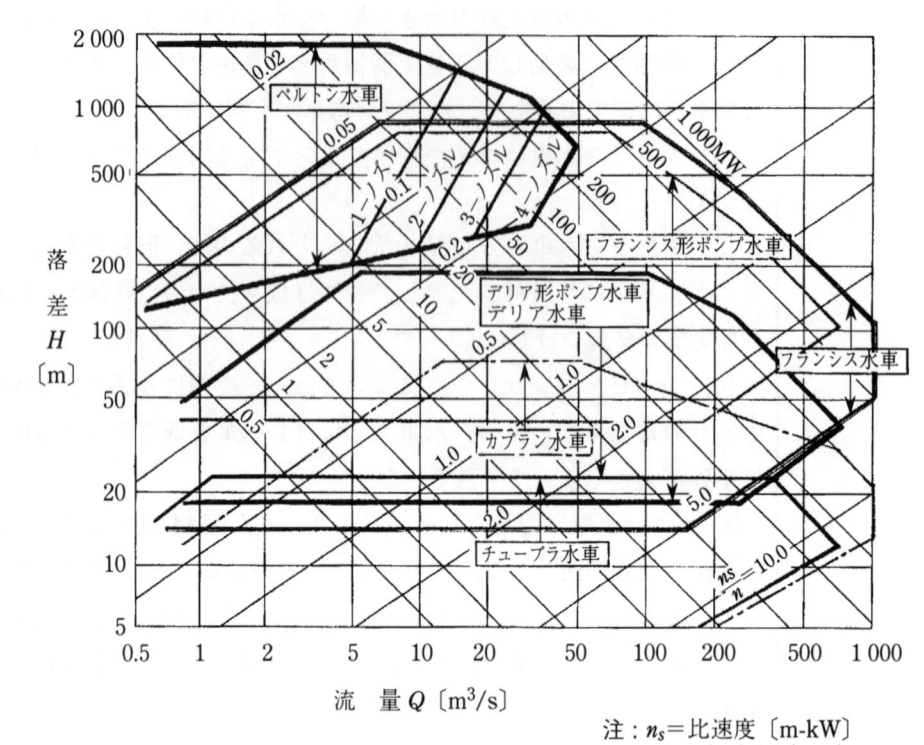

注：n_s＝比速度〔m-kW〕
　　n＝回転速度〔rpm〕

表 11・2 水車形式による経済性の検討

比較		利　点	建設費の影響
高落差境界	ペルトン水車	軽負荷運転の多い発電所ではフランシスに比べて高効率運転が可能	〔kWh〕価値増
		フランシスに比べて基礎の掘削量が減少する場合がある．	建設費減（〔kW〕価値増）
	フランシス水車	ペルトンに比べて水車が安い．また回転速度を大きくとれるので発電機価格が安くなる．また体格が小さくなるので発電所建物が小さくなる．	建設費減（〔kW〕価値増）
		ペルトンに比べて落差を有効に利用できる場合が多いので発電所出力が増す．	〔kWh〕〔kW〕価値増
低落差境界	カプラン水車	落差変動および軽負荷運転の多い発電所ではフランシスに比べて高効率運転が可能	〔kWh〕価値増
		回転速度を大きくとれるので発電機価格が安くなる．	建設費減（〔kW〕価値増）
	フランシス水車	カプランに比べて水車が安い．吸出し高さがカプランに比べて浅いので基礎の掘削量が減	建設費減（〔kW〕価値増）

11・3　水車台数の選定

　水車の台数は一般的にいえば，普通は大容量のものほど〔kW〕当りの価格が低廉になるし，水圧管の本数も減り，全体としての場所も狭くてすむから，水車の台数を減らして大容量の水車を設備するのが経済的である．しかし季節によって流量に変化のあるときや，渇水期に長期間運転する場合は1台のみの水車では効率が低下するため，これの損失に対しては台数を2台以上とした方がよい場合もある．

　これらについては，各台数について経済比較を行って決定せねばならない．この点およびその他台数決定について考慮すべき事項は7・2に既述したとおりである．

11・4　横軸形と立軸形

　ペルトン水車，フランシス水車，プロペラ水車ともに立軸形と横軸形の2種があるが，この両者のうちいずれを選ぶべきかは，洪水位，機械の価格，保守その他種々の点について考慮を要する．

　一般にフランシス水車では小出力のものは横軸の方が保守が簡単であるが，効率が若干悪い．また所要堀削量は横軸の方が少ないが床面積は大となり，振動の点では立軸形の方が有利である．立軸形の欠点としては

　(1) 軸が垂直で推力軸受を装備する関係上，高さが高くなり，発電機と組合わせると軸長が相当長くなり，したがって建屋の所要高さが大きくなる．このため起重機の揚程が大きくなり，また軸系の振れ，軸受の心出しなどの調整がむずかしい．

　(2) 軸受の給油系が複雑である．

　(3) 横軸機のようにはずみ車を別に取り付ける余地がないため，回転部自身にはずみ車効果をもたせる必要があるので，回転部が大きくなる．

　その他についての考慮すべき項は3・7に述べたとおりである．

11・5　変落差用水車の選定

　水力発電所においては落差と流量は年間を通じて一定でなく，1日中でも変化するものである．

ダム式発電所　**ダム式発電所**でとくに貯水池の利用水深を大きくとると上水面が相当に変化する．さらに放水面の変化も考えると水車にかかる落差変動はさらに大きくなる．落差が変わると水車の効率は低下するが，落差上昇のときより低下したときの方がその低下割合が大である．この特性を考慮して水車の選定を誤らないようにすることが大

切である．すなわち落差と効率の関係は重要な問題であるから，水車の定格落差を，変化する落差のどこに決定すべきかということが第一に考慮されるべきである．

また消極的な方法としては変化のはなはだしい時にいかなる対策をなすべきかが問題となる．

これについては発電所有効落差の1ヵ年間の状況を詳細に調査して，落差に対して最大の発電電力量が得られるように選定する．これには落差の1ヵ年間の平均値より多少低めに**水車の設計落差**を定める．

水車の設計落差
フランシス水車

フランシス水車の場合には，N_sの大小によって落差変動の影響も著しく傾向を異にする．N_sの小さい低速車ほど落差変動に対して効率曲線は平坦で効率低下が小さいが，N_sの大きい高速車は大である．したがってできるだけN_sの小さい水車を使用した方が有利である．

また落差の低下が長期にわたる場合は軽負荷ランナの採用も考慮する必要がある．

カプラン水車

これに対して**カプラン水車**の場合は落差の変動に応じてカムを調整し，羽根の角度をその落差に適当にすれば効率の低下は少ない．このため変落差箇所，特に低落差の場合はカプラン水車の採用は有利である．

斜流水車

しかし変落差・変負荷用としては最近の発達の著しい**斜流水車**の採用も忘れてはならない．既述のように斜流水車はフランシス水車に比較して部分負荷効率がよく，低落差フランシスにとって代っている傾向にある．

11・6　小水力用水車の選定

自家用あるいは事業用として，ローカルの小河川を利用した小水力発電所が開発されている．ミニ水力ともいわれているが，このような小水力発電所に利用される水車は自ずからきまるけれども，主として挙げられるものはフランシス，クロスフロー，ペルトン，S形チューブラ水車である．

クロスフロー水車については次に説明するが，S形チューブラ水車と称するのは，水車の吸出管をS字形に湾曲させ，この吸出管の上部に発電機を配置したものである．

クロスフロー水車

（1）クロスフロー水車

この水車は衝動形水車に属するものであるが，その構造は**図11・3**のとおり，円筒形をしたランナと1枚あるいは2枚で構成されたガイドベーンからなっていて，カバーを外すだけで容易に内部の点検が行える構造である．

またランナ，ガイドベーン，ケーシングなどは鋼板溶接構造が主体で，従来形水車に比べて短期間で製作できる．したがって経済性のある水車といえる．

11・6 小水力用水車の選定

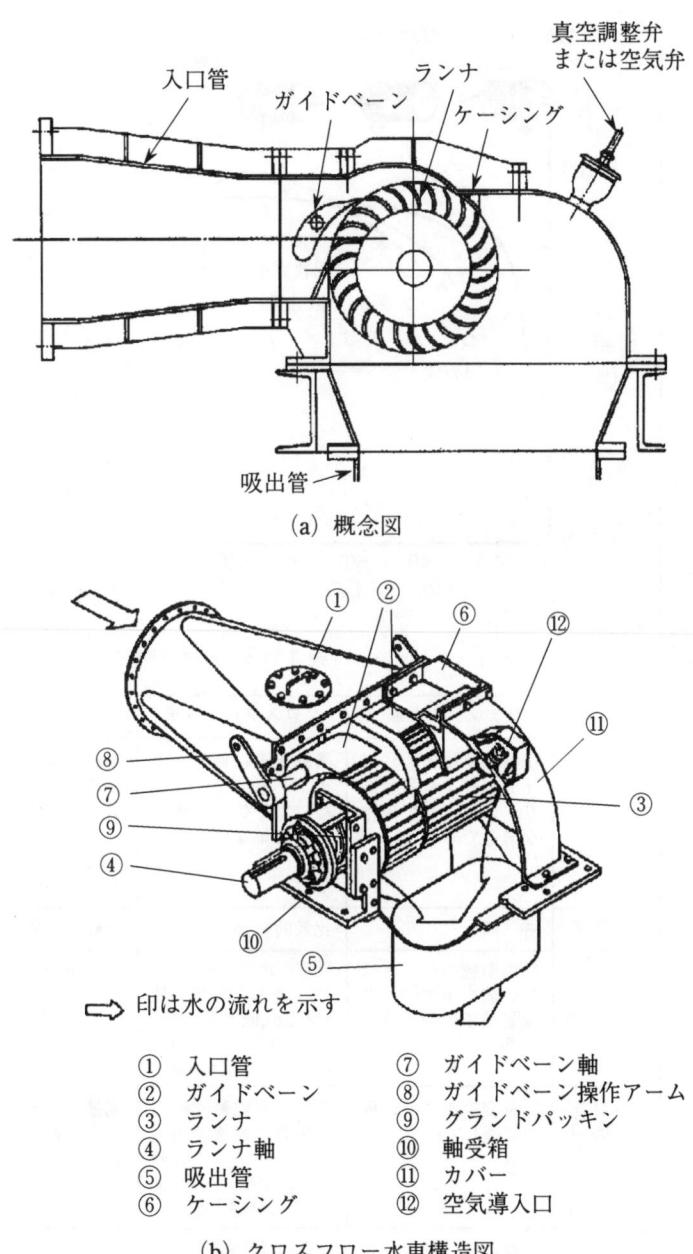

(a) 概念図

(b) クロスフロー水車構造図

① 入口管　　　⑦ ガイドベーン軸
② ガイドベーン　⑧ ガイドベーン操作アーム
③ ランナ　　　⑨ グランドパッキン
④ ランナ軸　　⑩ 軸受箱
⑤ 吸出管　　　⑪ カバー
⑥ ケーシング　⑫ 空気導入口

図 11・3　クロスフロー水車

効率については**図 11・4**に示すが，フランシス水車と比較した場合，その最高効率は低いが，部分負荷においての効率低下は少ない．また2枚ガイドベーン方式とした場合には，さらに部分負荷時の効率低下が少なくなるとともに，運転範囲も15％流量程度までは異常なく運転でき，フランシス水車に比べ幅広い変流量対応運転が可能な水車である．また変落差への対応も設計落差との差が大きな部分では効率の低下はまぬがれないが，幅広く対応できる特性を備えている．

この水車は原理的に水推力を受けることが無く，スラスト軸受は必要とせず軸受は簡単な構造で，潤滑油装置，給水装置が不要なこと，さらには電動サーボモータの採用により圧油装置も省略できることにより維持管理の容易な水車である．

(2) 各水車の特長

小水力に適する角水車の特長を**表 11・2**に示す．なおこれに関連して**表 8・3**，**図 8・6**に各水車の適用範囲を示す．

11 水車の選定

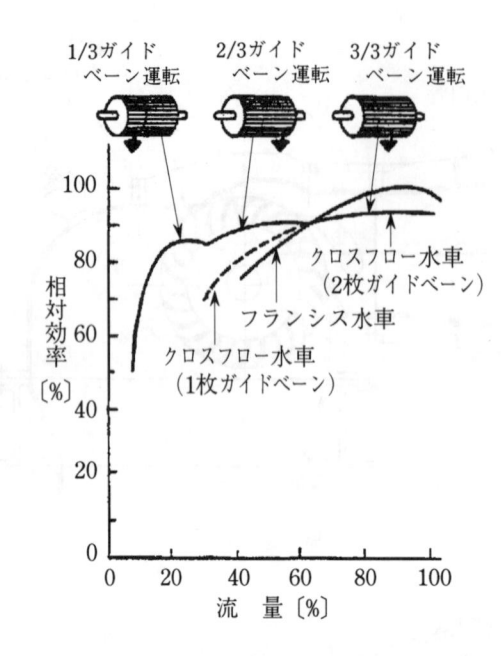

図 11・4 クロスフロー水車の効率

小水力用水車

表 11・3 小水力用水車の特長

	フランシス水車	クロスフロー水車	ペルトン水車	S形チューブラ水車
構造	反動水車に属し，ガイドベーンも多数あり，全体として複雑な構造である．	衝動水車に属し，ガイドベーンが1枚または2枚で，全体として簡単な構造である．	衝動水車に属しノズルより噴出する水をバケットに衝突させる構造で，ノズルは1～2本でノズル数の切替により高効率運転が可能である．	低落差領域に使用するプロペラ水車の一種で，水車の吸出管をS字形に湾曲させ吸出管の上部に発電機を配置する．
価格	普通	比較的安価	比較的高価	比較的高価
水車効率曲線の特長	効率曲線のピークは高い値を示すが，低流量域での効率低下が著しい．	効率曲線のピークはフランシス水車よりも低い値であるが，低流量域ではむしろフランシス水車よりも高い値を保持する．	低流量域での効率低下の少ない水車であり，ノズル数を切替ればさらに低流量域での効率低下が少なくなる．	ランナベーンを可動とすることで低流量域まで安定運転が可能で効率の低下が少ない．
流量変動への対応	流量変動が少ない場合に適している．	流量の変動範囲が広い場合に最適であり，特にガイドベーンを分割形にするとその特長をフルに発揮する．	流量変動幅が大きい場合に適しておりノズルの切替による高効率運転が可能である．	低落差領域で流量変動が大きい場合に最適の水車であり，ランナベーンを可動とすることで流量変動に対応する．
回転速度	一般には，割合に高速回転なので発電機を直接駆動できる．	一般には落差，流量により低速回転となる場合があるので増速機を介して発電機を駆動する必要がある．	低落差領域では回転数が低下して不利であり，横軸フランシスの方が適している場合がある．	低落差領域で大流量の場合，回転数が低いので増速機をつける必要がある．
異物による閉塞	ランナ閉塞に対する条件はクロスフロー水車より劣る．	一旦，異物がランナにひっかかっても流出する水により洗い出されるので，閉塞の心配は少ない．	異物による閉塞は少ない．	羽根枚数（4～5枚）が少ないので閉塞は少ない．
保守・点検	やや手数を要する．	容易	比較的容易	やや手数を要する．
吸出管	反動水車なので，完全にドラフトをきかすことができる．	衝動水車なので水中運転は不可．吸出管は必要ないが，吸出管を設けて水車中心以下の落差を回収する場合，その水位は必ずランナの下端以下とする必要がある．	衝動水車なので吸出管はない．	S字状の吸出管である．
有効落差	取水位より放水位までの落差を有効に活用できる．	水車中心より放水位までの落差は全量活用できない．しかし吸出管を設けるとある程度は回収できる．	ランナピッチサークルとノズル中心線の接点以下は有効落差とならない．	フランシス水車に同じ．

11·6　小水力用水車の選定

〔例題2〕

有効落差12m，最大使用水量100m³/s，最小使用水量15m³/sの逆調整用水力発電所に設置すべき水車の種類および台数として．

(イ) フランシス水車1台　　　(ロ) フランシス水車2台
(ハ) カプラン水車1台　　　　(ニ) カプラン水車2台
(ホ) フランシス水車，カプラン水車各1台

以上の五つの場合をあげうるが，技術・運転および経済の見地よりそれぞれの得失を述べよ．

〔解答〕　有効落差が12mの地点で使用水量が100m³/sから15m³/sの間に変化するとへ発電力の変化は

$$P_1 = 9.8 \times Q_1 H = 9.8 \times 100 \times 12 = 11\,760\,\text{kW}$$
$$P_2 = 9.8 \times Q_1 H = 9.8 \times 15 \times 12 = 1\,764\,\text{kW}$$

となり$P_2/P_1 = 15/100$に変化する．

(イ)と(ハ)のようにどの水車にしても，このように流量の変化の大きい地点には，1台のみの採用は建設費の軽減の点に対しては有利であるが，部分負荷の効率の点から考えると好ましくない．フランシス水車の場合はいうまでもなく低効率となって都合が悪い．カプラン水車であっても可動翼による調整範囲をこえるので採用しがたい．

(ロ)(ニ)(ホ)に対しては水車2台であるから最大水量時は2台を運転し，ある程度水量が減少してからそのうちの1台のみを運転することが考えられる．

こうすると各水車は最大使用水量50m³/s，最小使用水量は15m³/sとなり，その比は100:30となる．またこの場合，水車の最大出力は$9.8 \times 50 \times 12 = 5\,880\,\text{kW}$となり，比速度は

$$\text{フランシス水車では} \frac{20\,000}{H+20} + 30 = 655$$

$$\text{カプラン水車では} \frac{20\,000}{H+20} + 50 = 675$$

であるからN_sについてはフランシス水車の範囲外であるから，当然カプラン水車を選ぶべきである．また部分負荷の効率低下についてもカプラン水車の方が有利であり，この問題に対してはカプラン水車2台の(ニ)を選ぶべきである．しかしこのほかにも建設費の比較，キャビテーションの問題，吸出管の設計などについても考慮する必要がある．

〔演習問題〕

〔問題1〕 有効落差600mの水力発電所で，水車□□□からの噴射水の自由放出速度は□□□m/sであるから，この落差に適合する水車のバケットの中心円の円周速度をその1/2とすれば，毎分600回転のペルトン水車のバケットの中心円の直径は約□□□でなければならない．

(答 ノズル，106，1.6m)

〔問題2〕 有効落差400mのペルトン水車のノズルから噴出する流水の速度m/sはおよそいくらか．

(答 88.5m/s)

〔問題3〕 高落差の水力発電所において，最近立軸ペルトン水車がしばしば採用されているが，その理由ならびに過去より現在に至るペルトン水車の形の変遷について順を追って述べよ．

〔問題4〕 立軸ペルトン水車の得失およびこれの建設に当って注意すべき点について述べよ．

〔問題5〕 有効落差35m程度に使用されるカプラン水車のランナ羽根の枚数はいくらか．

(答 6～8枚)

〔問題6〕 カプラン水車は負荷および有効落差が変動しても回転羽根の傾斜角度を調整すれば効率の低下は少ないという．その原理を説明せよ．

〔問題7〕 低落差用水車および発電機に対する最近の著しい進歩について論ぜよ．

〔問題8〕 水車のキャビテーションを説明し，それを防止するため発電所設計上注意すべき事項を述べよ．

〔問題9〕 水車のキャビテーションについて説明し，かつこれの発生を防止するために考慮すべき事項を述べよ．

〔問題10〕 水車の空洞現象発生の原因および結果について説明し，かつその防止対策を述べよ．

〔問題11〕 水車の損耗する原因をあげ，これに対し特殊の材質を使用することの経済性の比較にはいかなる事項を考慮すべきか．

〔問題12〕 水車の振動の原因とその対策を記せ．

演習問題

〔問題13〕 水車発電機に生ずる振動および騒音の原因について説明せよ．

〔問題14〕 水力発電所において，その諸設備に起る振動につき，起る箇所，原因ならびに防止対策を述べよ．

〔問題15〕 比速度を選定する場合，その限界を表す式として $H_s \dfrac{13\,000}{H+20}+50$ を用いる水車は何か．

(答　プロペラ水車)

〔問題16〕 カプラン水車の比速度の限度を示す式はどうか．

(答　(10·18)式参照)

〔問題17〕 水力発電所における水車の比速度N_sは次式で示される．

$$N_s = \frac{NP^{1/2}}{N^{5/4}}$$

2ノズルペルトン水車において，この式におけるN, PおよびHはそれぞれ何を表すか．

(答　水車の規定回転数〔rpm〕，有効落差Hにおける1個当りの最大出力〔kW〕，有効落差〔m〕)

〔問題18〕 水車の比速度は，水車の□，□および□から定められる．比速度を高くとりすぎると，運転中に水車の内部に□があらわれ，その部分に腐食を生ずるから，比速度は□落差に対し，ある限界内になければならない．

(答　定格回転速度，最大出力，有効落差，キャビテーション，有効)

〔問題19〕 水力発電所の設計に当り，水車および発電機の回転数はいかなる見地より定められるかを説明せよ．

〔問題20〕 ペルトン水車，フランシス水車およびカプラン水車の効率曲線を示し，かつその差異の生じる理由を説明せよ．

〔問題21〕 水車の種類をあげ，形式の違いにより効率曲線にどんな差異があるかにつき述べよ．

〔問題22〕 フランシス水車の無拘束速度は定格速度の何パーセントくらいか

〔問題23〕 ガイドベーンの同一開きにおける水車の出力は落差H〔m〕の何乗に比例するか．

(答　3/2)

〔問題24〕 50Hzに設計された発電所を60Hzに使用しようとする場合，発電所の

各種機器に対し，いかなる考慮を払うべきか．

〔問題25〕 60 Hz専用に運転するために設計された水力発電所を50 Hzで運転しようとする場合，水車発電機，変圧器および補助機について検討しなければならない事項を説明し，かつこれに関する対策を説明せよ．

〔問題26〕 立軸水車の特長は，□□□□の利用が有効であることと，発電所設置場所が，□□□□ときにも適当していることである．

(答 落差，洪水位の高い)

〔問題27〕 有効落差の著しく変化する貯水池式水力発電所に設置するフランシス水車の設計に当り考慮すべき事項を説明せよ．

〔問題28〕 最近貯水池の有効容量を大とするため，貯水池の利用水深を大きくする傾向があるが，このような地点にフランシス水車を採用するにあたり，考慮しなければならない点について述べよ．

〔問題29〕 最近カプラン水車およびフランシス水車がそれぞれ従来より高い領域の落差にまで使用されるようになり，またペルトン水車は立軸のものが使用されるようになったが，そのためどんな利点が生じたかを述べ，かつこれまでにどんな技術上の問題があったかを説明せよ．

〔問題30〕 過去10ヵ年のわが国水力発電技術の進歩に伴う水車の新しい傾向について概要を述べよ．

〔問題31〕 最近は水車の発達が著しく，斜流タービン，チューブラタービン，ポンプタービンが実用に供されるようになったが，これらの水車の用途と特性の大要を説明せよ．

〔問題32〕 有効落差150 m程度の揚水式発電所のポンプ水車として用いられる水車の形式は．

(答 フランシス水車)

〔問題33〕 50 Hzの水車発電機をそのまま60 Hzで運転した場合，電圧変動率は．

(答 大きくなる)

〔問題34〕 水車の無拘束時における上昇率の最大な水車は．

(答 ペルトン)

〔問題35〕 超低落差発電所において，円筒形プロペラ水車（チューブラタービン）と誘導発電機とを組合わせて使用する場合，この水車発電機の利点と欠点とを述べよ．

〔問題36〕 水車効率は，水車の種類，比速度，定格出力および□によって異なる．□水車は軽負荷時の効率低下が大きく□水車ではこの傾向がさらに大きいが，□水車と□水車では比較的少ない．

（答　負荷状態，フランシス，プロペラ，ペルトン，カプラン）

〔問題37〕 斜流水車の特長を説明し，この形式の水車の適用範囲を述べよ．

〔問題38〕 水車のキャビテーションの被害を防止するために設計上，とるべき方策として正しくないものは．

〔問題39〕 カプラン水車の比速度の限度を示す式は．

〔問題40〕 水車の特有速度（比速度）とは，□水車と幾何学的に相似な□水車が単位の落差において，単位の出力を発生する場合の回転速度〔rpm〕をいう．

ある水車の特有速度N_sは，次式で表される．

$N_s = N \boxed{}$ 〔m・kW〕

ここに，Hは有効落差〔m〕，Nは水車の規定回転速度〔rpm〕を表し，Pは衝動水車では□1個当り，反動水車では□1個当りの最大出力〔kW〕とする．

（答　実物，模型，$\dfrac{\sqrt{P}}{N^{5/4}}$，ノズル，ランナ）

〔問題41〕 次の□の中に適当な答を記入せよ．

斜流水車は普通，□は可動構造となっており，カプラン水車と同様な特性をもっているが，カプラン水車に適さない□領域まで使用できる特長がある．ランナに流入する水は，フランシス水車では□方向に，カプラン水車では□方向に流れるが，斜流水車では□方向に流れる．

（答　ランナベーン，高落差，半径，軸，斜め）

〔問題42〕 水車の比速度は

$N_s = $ 定格回転速度〔rpm〕$\times \dfrac{\boxed{}^{1/2}}{(\text{有効落差〔m〕})^\alpha}$

で表されるが，ポンプ水車の比速度は□の比速度をいい，

$N_s = $ 定格回転速度〔rpm〕$\times \dfrac{\boxed{}^{1/2}}{(\text{有効落差〔m〕})^\alpha}$

で表される．ここに，$\alpha = $□であって，また，ポンプ水車の比速度の単位は□である．

（答　ポンプ出力，ポンプ流量，3/4，〔m・m³/s〕）

〔問題43〕 水力発電所で用いられる水車の種類五つを挙げ，それぞれについて適用有効落差領域および効率特性の特徴について述べよ．

演習問題

〔問題44〕 水車においてキャビテーションが発生すると，その生じた部分に□を生じるほか，□の低下を来し，また，□や騒音が大きくなる．このキャビテーションを防ぐには，一般に，□速度および□を過大に選定しないなどの点に留意する必要がある．

　　　　　　　　　　　　　　　（答　浸食，効率，振動，比，吸出管高さ）

〔問題45〕 水車の比速度とは，水車を相似的に縮小し，□が□〔m〕で□が□〔kW〕となるようにしたときの回転速度で定義され，その単位は，〔m・kW〕である．この値が大きいほど，キャビテーションは生じやすいが，水車および発電機が□にでき経済的な設計ができる．

　　　　　　　　　　　　　　　（答　落差，1，出力，1，小形）

〔問題46〕 水車に与える障害の一つに□がある．この発生原因は，水車を通過する流水により，ある点の圧力が水の□以下に低下し，低圧部あるいは□部ができると，そこで水中に含まれている空気が遊離して□となり，あるいは水蒸気ができて，流水ととも流れるが，圧力の高いところに出合うと，急激に崩壊して，このとき大きな衝撃を生じるために金属面を□することである．

　　　　　　　　　　　　　　（答　キャビテーション，飽和蒸気圧力，真空，気泡，浸食）

〔問題47〕 低落差水力発電所に使用される水車の種類を挙げ，それぞれについてその概数と特長を述べよ．

〔問題48〕 斜流水車は一般に□が可動構造になっており，カプラン水車と同様に□，変流量の運用に適し，カプラン水車に適さない□領域まで使用できる特長がある．また，□は高落差地点に多く適用され，部分負荷運転時には，フランシス水車に比べ効率がよい他，負荷遮断時には他の水車よりも□の変動の影響を小さくすることができるので，水圧鉄管が経済的にできる．

　　　　　　　　　　　（答　ランナベーン（ランナ羽根），変落差，高落差，ペルトン水車，水圧）

〔問題49〕 水車のキャビテーションは，ある点の圧力が水の飽和蒸気圧より低くなると水中に含まれていた空気が遊離し気泡となる現象であり，水車の比速度が (1) ほど発生しやすく，ペルトン水車ではバケットや (2) に，プロペラ水車では (3) に発生しやすい．

　また，キャビテーションが発生すると，水車 (4) が低下し，流水接触面に (5) を起こす．

〔解答群〕
(イ) ランナベーン　　(ロ) ニードル弁　　(ハ) 溶　解
(ニ) 小さい　　　　　(ホ) ドラフト　　　(ヘ) 振　動
(ト) 大きい　　　　　(チ) 入口弁　　　　(リ) 効　率
(ヌ) ケーシング　　　(ル) 圧　力　　　　(ヲ) 回転速度
(ワ) 壊　食　　　　　(カ) 切　断　　　　(ヨ) ガイドベーン

(答　(1)−(ト),　(2)−(ロ),　(3)−(イ),　(4)−(リ),　(5)−(ワ))

〔問題50〕　水車の無拘束速度とは，ある $\boxed{(1)}$，あるガイドベーン開度およびある吸出し高さにおいて，水車が $\boxed{(2)}$ で回転する速度をいい，これらのうち起こり得る最大のものを最大無拘束速度という．水車，発電機および付属装置は，この最大無拘束速度において，2分間安全に運転することができるものでなければならないことになっている．

一方，水車の負荷遮断試験は，発電運転中に電力系統事故などにより，負荷が遮断された場合，水車の回転速度，$\boxed{(3)}$ および水路内水圧などの変動値が保証値を超えることなく，水車，発電機を安全に，無負荷運転に移行し得ることを確認する目的で実施する．なお，高落差ポンプ水車で $\boxed{(4)}$ が大きい場合には $\boxed{(5)}$ 時の過渡最大回転速度が，最大無拘束速度より大きくなる場合があるので，注意を要する．

〔解答群〕

(イ) 流　量	(ロ) 有効落差	(ハ) 比速度
(ニ) 電圧変動	(ホ) 無負荷	(ヘ) 急停止
(ト) 制御電圧	(チ) 発電機電圧	(リ) 等価閉鎖時間
(ヌ) はずみ車効果	(ル) 水圧変動	(ヲ) 定格回転速度
(ワ) 普通停止	(カ) 全負荷	(ヨ) 負荷遮断

(答　(1)−(ロ),　(2)−(ホ),　(3)−(チ),　(4)−(ル),　(5)−(ヨ))

〔問題51〕　水車の特性を比較する上で比速度は最も重要な項目の一つである．一般に，40〔m〕以下の低落差では比速度の大きい $\boxed{(1)}$ 水車が，500〔m〕以上の高落差では比速度の小さい $\boxed{(2)}$ 水車が用いられる．

また，$\boxed{(3)}$ 落差の領域では，フランシス水車の方が，$\boxed{(2)}$ 水車に比べて比速度が大きくなり，吸出し高さを $\boxed{(4)}$ 落差として利用でき，$\boxed{(5)}$ の高い場所に都合がよいことなどの利点があり，広く採用されている．

〔解答群〕

(イ) ペルトン	(ロ) 低	(ハ) 取水位
(ニ) プロペラ	(ホ) 中	(ヘ) 渇水位
(ト) 標　高	(チ) 平　均	(リ) クロスフロー
(ヌ) フランシス	(ル) 高	(ヲ) 有　効
(ワ) 洪水位	(カ) 斜　流（デリア）	(ヨ) 損　失

(答　(1)−(ニ),　(2)−(イ),　(3)−(ホ),　(4)−(ヲ),　(5)−(ワ))

索 引

ア行

案内羽根	18, 19
円筒形水車	35
円筒形水車発電機	36

カ行

ガイドリング	19
カプラン水車	24, 26, 55, 56, 64
回転数	47, 60
回転数の決定	48
基準落差	53
キャビテーション	39, 41
クロスフロー水車	64
ケーシング	9, 18
軽負荷ランナ	22
激動損失	22
高落差カプラン水車	29
高落差境界	60
高落差用ランナ	17
固定羽根	18
固定羽根プロペラ水車	24

サ行

最高効率曲線	28
ジェットブレーキ	8
斜流形ポンプ水車	34
斜流水車	5, 31, 46, 47, 64
斜流水車ランナ	32
小水力用水車	66
衝動水車	1, 2
衝突損失	22
振動	41
浸食	39
スピードリング	18
水車の形式	60
水車の効率	1, 50
水車の効率曲線	50
水車の設計落差	64
水車の比速度	43
水中発電所	36
正規速度形	45
正規ランナ	22
騒音	42

タ行

ダム式発電所	63
大容量ペルトン水車	12
立軸ペルトン水車	13
超低落差地点	35
デフレクタ	8
定格出力	50
定格流量	50
低無拘束速度	52
低落差境界	60
低落差用ランナ	17
特有速度	43

ナ行

ノズル	6, 8
ノズル効率	11

ハ行

バケット	7
バケットの出力	10
反動水車	1, 3, 50
排棄損失	21
ピッチサークル	8
比速度	45, 60
腐食	39
フランシス水車	2, 14, 45, 46, 47, 55, 56, 58, 64
プロペラ水車	2, 4, 24, 46, 47, 55, 58
ペルトン水車	1, 6, 46, 47, 55, 56, 58
変落差発電所	60

| 分割水車の水力効率 | 25 |
| ポンプ水車 | 34 |

マ行

| 摩滅 | 39 |
| 無拘束速度 | 51 |

ヤ行

| 有効落差 | 60 |
| 揚水発電所用水車 | 34 |

ラ行

ランナ	7, 16, 27
ランナ羽根	27
ランナの効率	10, 21
ランナの最高効率	10
ランナの直径	21
ランナボス	27
落差変動	53
両周波数用水車	57
理論水力	1